图说中华水文化丛书

图说 水与衣食住行

◎ 李红光 马凯 程麟 刘经体 编著

中国水利水电出版社
www.waterpub.com.cn

《中华水文化书系》编纂工作领导小组

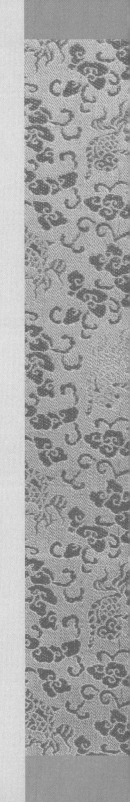

顾　问：张印忠　中国职工思想政治工作研究会会长
　　　　　　　　中华水文化专家委员会主任委员
组　长：周学文　水利部党组成员、总规划师
成　员：陈茂山　水利部办公厅巡视员
　　　　孙高振　水利部人事司副司长
　　　　刘学钊　水利部直属机关党委常务副书记
　　　　　　　　水利部精神文明建设指导委员会办公室主任
　　　　袁建军　水利部精神文明建设指导委员会办公室副主任
　　　　陈梦晖　水利部新闻宣传中心副主任
　　　　曹志祥　教育部基础教育课程教材发展中心副主任
　　　　汤鑫华　中国水利水电出版社社长兼党委书记
　　　　朱海风　华北水利水电大学党委书记
　　　　王　凯　南京市水利局巡视员
　　　　张　焱　中国水利报社副社长
　　　　王　星　中华水文化专家委员会副主任委员
　　　　王经国　中华水文化专家委员会副主任委员
　　　　靳怀堾　水利部海委漳卫南运河管理局副局长
　　　　　　　　中华水文化专家委员会副主任委员
　　　　符宁平　浙江水利水电学院党委书记

领导小组下设办公室

主　任：胡昌支
成　员：李　亮　淡智慧　周　媛　杨　薇　李晔韬　王艳燕　刘佳宜

《中华水文化书系》包括以下丛书：

《水文化教育读本丛书》
《图说中华水文化丛书》
《中华水文化专题丛书》

《图说中华水文化丛书》编委会

主　任：周金辉

副主任：李　亮

委　员：（按姓氏笔画排序）

王英华　王瑞平　吕　娟　朱海风　任　红

向柏松　李红光　武善彩　贾兵强　靳怀堾

丛书主编：靳怀堾

丛书副主编：朱海风　吕　娟

《图说水与衣食住行》编写人员

李红光　马　凯　程　麟　刘经体　编著

吕　娟　主审

责任编辑：杨　薇　yw@waterpub.com.cn

文字编辑：张正学

美术编辑：刘一檠

插图创作：北京智煜文化传媒有限公司

插图配置：杨　薇

丛书各分册编写人员

《图说治水与中华文明》　贾兵强　朱晓鸿　著／靳怀堾　主审

《图说古代水利工程》　王英华　杜龙江　邓俊　著／吕娟　主审

《图说水利名人》　任红　陈陆　刘春田　等　著／程晓陶　主审

《图说水与文学艺术》　朱海风　张艳斌　史月梅　著／李宗新　主审

《图说水与风俗礼仪》　史鸿文　王瑞平　陈超　编著／李宗新　主审

《图说水与衣食住行》　李红光　马凯　程麟　刘经体　编著／吕娟　主审

《图说中华水崇拜》　向柏松　著／靳怀堾　主审

《图说水与战争》　武善彩　欧阳金芳　著／朱海风　主审

《图说诸子论水》　靳怀堾　著／赵新　主审

弘扬先进水文化
推进治水兴水千秋伟业
——《中华水文化书系》总序

水是人类文明的源泉。我国是一个具有悠久治水传统的国家,在长期实践中,中华民族创造了巨大的物质和精神财富,形成了独特而丰富的水文化。这是中华文化和民族精神的重要组成,也是引领和推动水利事业发展的重要力量。面对当前波澜壮阔的水利改革发展实践,积极顺应时代发展要求和人民群众期盼,大力推进水文化建设,努力创造无愧于时代的先进水文化,既是一项紧迫工作,也是一项长期任务。

水利部党组高度重视水文化建设,近年来坚持从水利工作全局出发谋划水文化发展战略,着力把水文化建设与水利建设紧密结合起来,与培育发展水利行业文化紧密结合起来,与群众性宣传教育活动紧密结合起来,明确发展重点、搭建有效平台、突出行业特色,有力发挥了水文化对水利改革发展的支撑和保障作用。特别是 2011 年水利部出台《水文化建设规划纲要 (2011—2020 年)》,明确了新时期水文化建设的指导思想、基本原则和目标任务,勾画了进一步推动水文化繁荣发展的宏伟蓝图。

水文化建设是一项社会系统工程,落实好规划纲要各项部署要求,必须统筹协调各方力量,充分发挥各方优势,广泛汇聚各方智慧,形成共谋文化发展、共建文化兴水的强大合力。为抓紧落实规划纲要明确的编纂水文化丛书、开展水文化教育等任务,中国水利水电出版社在深入调研论证基础上,于 2012 年组织策划"中华水文化书系"大型图书出版选题,并获得了财政部资助。为推动项目顺利实施,水利部专门成立《中华水文化书系》编纂工作领导小组,启动了编纂工作。在编纂工作领导小组的组织领导下,在各有关部门和单位的鼎力支持下，在所有参与编纂人员的共同努力下，经过历时一年的艰辛付出，《中华水文化书系》终于编纂完成并即将付梓。

《中华水文化书系》包括《水文化教育读本丛书》《图说中华水文化丛书》《中华水文化专题丛书》三套丛书及相应的数字化产品，总计有 26 个分册，约 720 万字。《水文化教育读本丛书》分别面向小学、中学、大学、研究生和水利职工及社会大众等不同层面读者群，《图说中华水文化丛书》采用图文并茂形式对水文化知识进行了全面梳理，《中华水文化专题丛书》从理论层面分专题对传统水文化进行了深刻解读。三套丛书既有思想性、理论性、学术性，又兼顾了基础性、普及性、可读性，各自特色鲜明又在内容上相互补充，共同构成了较为系统的水文化理论研究体系、涵盖大中小学的水文化教材体系和普及社会公众的水文化知识传播体系。《中华水文化书系》作为水利部牵头组织实施的一项大型图书出版项目，是动员社会各界人士总结梳理、开发利用中华水文化成果的一次有益尝试，是水文化领域一项具有开创意义的基础性战略性工程。它的出版问世是水文化建设结出的丰硕成果，必将有力推动水文化教育走进学校课堂、水文化传播深入社会大众、水文化研究迈向更高层次，对促进水文化发展繁荣具有十分重要的意义。

文化是民族的血脉和灵魂。习近平总书记明确指出："一个国家、一个民族的强盛，总是以文化兴盛为支撑的，中华民族伟大复兴需要以中华文化发展繁荣为条件。"水文化建设是社会主义文化建设的重要组成部分，大力加强水文化建设，关系社会主义文化大发展大繁荣，关系治水兴水千秋伟业。我们要以《中华水文化书系》出版为契机，紧紧围绕建设社会主义文化强国、推动水利改革发展新跨越，认真践行"节水优先、空间均衡、系统治理、两手发力"新时期水利工作方针，不断加大水文化研究发掘和传播普及力度，继承弘扬优秀传统水文化，创新发展现代特色水文化，努力推出更多高质量、高品位、高水平的水文化产品，充分发挥先进水文化的教育启迪和激励凝聚功能，进一步深化和汇集全社会治水兴水共识，奋力谱写水利改革发展新篇章，为实现"两个一百年"奋斗目标和中华民族伟大复兴的中国梦提供更加坚实的水利支撑和保障。

是为序。

陈雷

2014 年 12 月 28 日

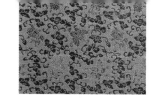

《图说中华水文化丛书》序

古人说："水者，何也，万物之本原也，诸生之宗室也"（《管子·水地》）；"太一生水。水反辅太一，是以成天。天反辅太一，是以成地"（《太一生水》）。又说："上善若水。水善利万物而不争，处众人之所恶，故几于道"（《老子·八章》）；"知者乐水，仁者乐山"（《论语·雍也》）。

水，是我们人类居住的地球上分布最广的一种物质，浮天载地，高高下下，无处不在。水是生命之源，是包括人类在内的万千生物赖以生存的物质基础。现代人经常仰望星空，不断叩问"哪个星球上有水？"因为有水的地方才会有生命的存在。"水生民，民生文，文生万象"。水养育了人类，它给万民带来的恩惠远远超过世间其他万物；同时，人类作为大自然的骄子，不但繁衍生息须臾离不开水，创造文化更少不了水的滋润和哺育。

文化者，人文教化之谓也，民族灵魂之光也。中华文明是地球上最古老、最灿烂的文明之一。中华本土文化源远流长，博大精深。考察中华民族文化的发展史，不难发现，水与我们这个民族文化的孕育、发展关系实在是太密切了，中华文化中的许多方面都有水文化的光芒在闪耀。比如，人们习惯把黄河称为中华民族的母亲河和中华文明的摇篮，在一定意义上道出了中华文化与水之关系的真谛。

水文化是一个非常古老而十分新颖的文化形态。说它非常古老，是因为自从在我们这个星球上有了人类的活动，有了人类与水打交道的"第一次"，就有了水文化；说它十分新颖，是因为在我国把水文化作为一种相对独立的文化形态提出来进行研究，是20世纪80年代末以后的事。

那么，何谓水文化呢？

水文化是指人类在劳动创造和繁衍生息过程中与水发生关系所生成的各种文化现象的总和，是民族文化以水为载体的文化集合体。而人水关系不但伴随着人类发展的始终，而且几乎涉及社会生活的各个方面，举凡经济、政治、科学、文学、艺术、宗教、民俗、体育、军事等各个领域，无不蕴含着丰富的水文化因子，因而水文化具有深厚的内涵和广阔的外延。

需要指出的是，文化是人类社会实践的产物，人是创造文化的主体。而水作为一种自然资源，自身并不能生成文化，只有当人类的生产生活与水发生了关系，人类有了利用水、治理水、节约水、保护水以及亲近水、观赏水等方面的活动，有了对水的认识和思考，才会产生文化。同时，水作为一种载体，通过打上人文的烙印即"人化"，可以构成十分丰富的文化资源，包括物质的——经过人工打造的水环境、水工程、水工具等；制度的——人们对水的利用、开发、治理、配置（分配）、节约、保护以及协调水与经济社会发展关系过程中所形成的法律法规、规程规范以及组织形态、管理体制、运行机制等；精神的——人类在与水打交道过程中创造的非物质性财富，包括水科学、水哲学、水文艺、水宗教等。与此同时，这些在人水关系中产生的特色鲜明、张力十足的文化成果，反过来又起到"化人"的作用——通过不断汲取水文化的养分，能滋润我们的心灵世界，培育我们"若水向善""乐水进取"等方面的品格和情怀。

随着物质生活水平的大幅度提高，人们对精神文化的追求越来越强烈。水文化作为中华文化的重要组成部分，如何使之从神秘的殿堂中走出来，让广大民众了解和认知，也就成了一个大的问题。目前，水文化还是个方兴未艾的学科，有关理论和实践方面的书籍虽说也能摆一两个书柜，但大多因为表达过于"专业"，不太适应大众的口味和需求。有道是，曲高和寡。就水文化而言，深入深出，只有少数专家学者能消费得起，而大多数人则望而却步，敬而远之，更遑论"家喻户晓，人人皆知"了。

但用什么方式把水文化表达出来，让"圈外人"都能看懂、理解，当然，如能在懂得、感悟的基础上会心一笑，那是再好不过了。思来想去，还是深入浅出最好，但如何走出水文化高高在上的"象牙塔"，做到平易亲和，生动活泼，让广大读者乐于接受呢？这需要智慧，需要创意。

好在中国水利水电出版社匠心独运，诸位编辑在思维碰撞、智慧对接中策划出"图说"——这种读者喜闻乐见的方式，来讲述人与水的故事；继而经过多位水文化学者和绘画专家的经之营之、辛勤耕耘，终于有了这套《图说中华水文化丛书》。要说明的是，尽管这套丛书有九册之多，但在水文化的宏大体系中，不过是冰山一角，管中窥豹。

在设计这套丛书的编写内容时，一方面，我们注意选择了水与人们生产生活关系最密切的命题，如衣食住行中的水文化、文学艺术中的水文化等，力求展示人水关系的丰富性和广泛性；另一方面，也选取了一些"形而上"的命题，如先秦诸子论水、治水与中华文明、中华水崇拜等，力求挖掘人水关系的深刻性和厚重性。在表达方式上，我们力求用通俗易懂的语言讲述人水关系的故事，强调知识性、趣味性、可读性的有机融合。至于书中的一幅幅精美的图画，则是为了让图片和文字相互陪衬，使内容更加生动形象，引人入胜，从而为读者打开一扇展现水文化风采和魅力的窗口。

虽然我们就丛书编纂中的体例、风格、表述方式等有关问题进行了反复讨论，达成了共识，并力求"步调一致"，落到实处，但因整套丛书由多位作者完成，每个人的学养、文风和表达习惯不同，加之编写的时间比较仓促，不尽如人意的地方在所难免，敬请读者批评指正。

靳怀堾

2014 年 12 月 16 日

图解衣食住行之水
品尝生活万千滋味
——前言

水是大自然环境的要素，人是大自然的精灵，人的衣食住行、生活和生产又产生了风俗习惯和社会文化。在这个关系链条中，人是主体，可以将作为自然要素的水与作为文化组成的传统习俗，密切地联系起来。

　　古往今来，华夏海外，生活习俗，千姿百态。许多故事，浩瀚文化，尽在其中。探讨彼此的关系，梳理内在的渊源，研习蕴含的哲理，也许能够发现人类的自然史、社会史、文化史和发展史。让我们追根溯源，切入现象，感悟生活，审己达人。

　　水是流动的、灵动的，流淌在大地的环抱中。

　　人是实在的、灵智的，体内流淌着智慧和热血。

　　人和水，都是大自然的造化。在人的生活和文化里，又怎么能够缺了水？

　　衣食住行，属于物质层面；养生修身，又属生活层面；主动选择和创造有价值、有意义、能长远的生存环境与生活方式，才属于文化层面。

　　人水情缘，千载万代。一以贯之，有始无终。

作者

2014 年 12 月

目录

弘扬先进水文化　推进治水兴水千秋伟业——《中华水文化书系》总序

《图说中华水文化丛书》序

图解衣食住行之水　品尝生活万千滋味——前言

第一章

源远流长，生生不息——水与生活

水是生命之本，万物之源。

人是天地孕育哺育而生的灵秀。它也影响着自然，并创造着自己的历史。

人的生命，也是与水难解难分、休戚与共的缘分轮回。

人类的生活，朝朝暮暮，岁岁年年，如波涛跌宕起伏，似江河奔腾不息。

人类的历史，如天河星汉，源远流长，浩瀚深邃。

《易经》曰："天一生水，地六成之。"说的就是宇宙和世界的缘起。在中国的上古神话传说中，女娲用黄土和水，在初七这一天，仿照自己的样子造出了最早的人类。《尚书》曰："五行：一曰水，二曰土，三曰木，四曰金，五曰土。水曰润下……"说的是宇宙自然五种要素相生相克的理论，而水则居五行之首。普普通通、自然天成而又无处不在的水，代表着生命、生机和活力。水乳交融，生生不息。正是大地母亲用丰饶的出产和无尽的甘霖，滋养着人类！

生命的维系，离不开物质环境的支持和供给。

水是生命的延续。人类的发达和进步，在于由对自然、环境和自身的感悟、认知和总结而来的文化的承续和发展！

傍水而居是中国人的居住理想，也是生活所需

"鱼儿离不开水，瓜儿离不开秧"，饮食男女，平凡生活。生命的哲理和对自然的感悟，已经融入到人们生活的习惯和观念的深处。

数字上的人与水

从距地球数万公里的高空看地球，可以看到地球大气圈中水气形成的白云和覆盖地球大部分的蓝色海洋，它使地球成为一颗"蓝色"的行星。

人类生存的地球表面，大气圈、水圈、生物圈和岩石圈之间是相互渗透甚至相互重叠的，除了生物圈表现最为显著外，水圈的表现也令人关注。

水圈包括海洋、江河、湖泊、沼泽、冰川和地下水等。它是一个连续但不很规则的圈层。地球水圈总质量为 1.66×10^9 亿吨。其中海洋水质量约为陆地水（包括河流、湖泊和表层岩石孔隙和土壤中）的 35 倍。如果整个地球没有固体部分的起伏，那么全球将被深达 2600 米的水层均匀覆盖。

大气圈与水圈相结合，组成地表的流体系统。在太阳辐射和地球引力的推动下，水在水圈内各组成部分之间不停运动，构成全球范围的海陆间循环（大循环），并把各种水体连接起来，使得各种水体能够长期存在。从陆地到海洋、从大地到天空，耗用约 9 个月的时间，大自然就可以完成一次大的水循环。

相对分子质量最小的氧化物是水。水也是最常见的溶剂。液态水是形成生命的基础条件之一。人类的起源正是由简单生命经过亿万年的演进，而逐渐形成的。

水是人体最重要的组成部分。只要失掉 15% 的水，生命就会有危险。在我们经由口所摄取的饮食中，没有哪一种物质具有比水更重要的作用。人在孤立无助的困

地球之水的存在形式多样，冰川亦是地球水圈的重要组成

水既为人类的生存提供物质基础，也为人类创造了舒适惬意的生活环境

境中，只要有水，生命就能维系较长时间；生病时若无法进食，需要补充的首先是水。因此，洁净而充分的水补给是生命得以维系的根本。

水在生物体中通常都占据相当大的比重，海洋里有一种称作"海月水母"（Moon Jellyfish）的漂流水母，其胶质的身体所含水分竟高达98%。平时食客们爱吃的爽口的海蜇，则是根口水母的一种。

据世界卫生组织调查，世界上70%的人喝不到安全卫生的饮用水。现在，每年有1500万名5岁以下儿童死亡，其原因大多与饮用水有关。据联合国统计，世界上每天有25万人由于饮用水有问题而得病或由于缺水而死亡。

水的存在状况与经济、社会和人口的分布也有关系。1935年，我国地理学家胡焕庸经过研究，提出了划分中国人口密度的对角线，即"瑷珲—腾冲一线"（又称"爱辉—腾冲一线""黑河—腾冲一线"或"胡焕庸线"）。胡焕庸线与400毫米等降水量线重合。其东南方以平原、水网、丘陵、喀斯特和丹霞地貌为主，自古以农耕为经济基础；其西北方人口密度极低，是草原、沙漠和雪域高原，自古是游牧民族的天下。中科院国情小组根据2000年资料统计分析，胡焕庸线东南侧占全国43.18%的国土面积，集聚了全国93.77%的人口和95.70%的GDP，压倒性地显示出高密度的经济、社会功能；胡焕庸线西北侧地广人稀，生态环境恶劣，其发展经济、集聚人口的功能较弱，总体以生态恢复和保护为主体功能。降水量与社会发展的关系是显而易见的。

历史上的名人与水

在中国漫长的历史长河中，有许多名人与水的渊源和典故被后人世代传颂；下面是几个流传甚广的故事。

● 大禹治水

在中国的早期历史上，有位神话般的治水英雄，他就是大禹。传说在上古的帝尧时期，黄河流域经常发生洪水。为了制止洪水泛滥、保护农业生产，尧帝曾召集部落首领会议，征求民意并推举能人来平息水患。鲧被推选出来。鲧接受任务后，采用堤工障水，筑三仞之城，即用简单的堤埂把居住区围护起来以阻障洪水，9 年而不得成功，最后被放逐羽山而死。舜帝继位以后，任用鲧的儿子禹治水。

虽然自己的父亲因治水失败受惩罚，但是禹并没有因此心怀怨恨和消沉。相反，他以拯救天下万民于水火为己任，负重前行，劳心竭力。禹审视了父亲的治水方略，改变了"围堵阻障"的人为对抗式治水方法，采用"疏顺导滞"的自然引导，即利用水向低处流的自然属性，首先疏通壅塞的川流，把洪水引入疏通的河道、洼地或湖泊，然后合通四海，最终平息了水患。百姓得以从高地迁回平川居住和从事农业生产。山西陕西交界峡谷中的禹门口，还有河南三门峡黄河中的人门、鬼门和神门礁石，据说都是禹带领百姓大力治水留下的遗迹。后来，禹因此而成为夏朝的第一代君王，并被人们称为"神禹"而传颂后世。

大禹治水时，留下了许多感人的事迹。相传他借助自己发明的原始测量工具——准绳和规矩，走遍大河上下，用神斧劈开龙门和伊阙，凿通积石山和青铜峡，使河水畅通无阻。大禹治水居外 13 年，三过家门而不入。他不畏艰苦，身先士卒，腿上的汗毛都在劳动中被磨光了。他是中国历史上第一位成功治理黄河水患的治水英雄。在河南中部有座城市称作禹州（再早则称为禹县），在山东西北部有座县级市禹城（隶属于德州市管辖）这都是为纪念大禹这位神话般的英雄而命名的。

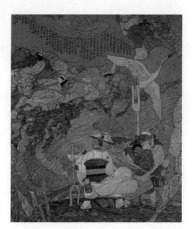

大禹采用疏顺导滞的方法成功治理洪水，被载入史册，传颂后世

总之，尧、舜、禹不仅是中华先祖的佼佼者，也是中华民族不屈不挠、自强不息的精神象征。伟人毛泽东在诗句中写道："春风杨柳万千条，六亿神州尽舜尧。"这正是宏伟愿望所描绘的理想境界。

● 老子和孔子以水论道

春秋时期，老子与孔子两位圣贤偶遇。孔子就一些疑惑和不解，恭敬虚心地向老子求教、问礼。

老子说：上善若水，水善利万物而不争，处众人之所恶，此乃谦卜之德也；故江海所以能为白谷王者，以其善下之，则能为百谷王。天下莫柔弱于水，而攻坚强者莫之能胜，此乃柔德也；故柔之胜刚，弱之胜坚强。因其无有，故能入于天地间。由此可知不言之教，无为之益也。孔子听到，恍然大悟：先生此言，使我顿开茅塞也。众人处上，水独处下；众人处易，水独处险；众人处洁，水独处秽，所处尽人之所恶，夫谁与争乎？此所以为上善也。老子点头认可：汝可教也。汝可切记，与世无争，则天下无人能与之争，此乃效法水德也。水几于道：道无所不在，水无所不利。避高趋下，未尝有所逆，善处地也。空处湛静，深不可测，善为渊也。损而不竭，施不求报，善为仁也；圆必旋，方必折，塞必止，决必流，善守信；洗涤群秽，平准高下，善治物也；以载则浮，以鉴则清，以攻则坚强莫能敌，善用能也；不舍昼夜，盈科后进，善待时也。故圣者随时而行，贤者应事而变。智者无为而治，达者顺天而生。汝此去后，应去骄气于言表，除志欲于容貌。否则，人未至而声已闻，体未至而风已动。张张扬扬，如虎行于大街，谁敢用你？孔丘道：先生之言，出自肺腑而入弟子之心脾，弟子受益匪浅，终生难忘。弟子将遵奉不怠，以谢先生之恩。

在那个百家争鸣、群雄并起的时代，也许老子已经跋涉过许多河流，见过各种各样的水态。他从平常的水情变化当中，悟出了道，悟出了理。也许，他是站在前人总结和感悟的高地，把常见的自然现象升华为人世的规则和道理。孔子，将这些认识和感悟记入典籍，传授门徒。后来，这些哲理千古流传，至今不怠。

● 西施浣纱

西施是春秋末期越国人。越国古都诸暨城南有个苎萝山，山不高而峻，林不密而秀。山下是若耶溪，自北而南，蜿蜒曲折，溪水清澈，急中有缓，潺潺有致，淙淙有声，似林鸟呢喃，如情人私语。西施姓施，名夷光，因家住苎萝西村，村人都称她为西施，久而久之，知道她本名的人反而变得很少。天生丽质的西施在河边浣纱时，清澈的河水映照她俊俏的身影，使她显得更加美丽，这时，鱼儿看见她的倒影，忘记了游水，渐渐地沉到河底。从此，西施这个"沉鱼"的代称，就流传开来。

"浣"，就是洗涤。"纱"就是苎麻，本地人称为"苎萝"，为荨麻科麻植物，多年生草本，其茎部柔韧而有光泽，取其茎皮（纤维）用来织布、结网。浣纱也代指西施。《全唐诗》里有"岭上千峰秀，江边细草春。今逢浣纱石，不见浣纱人。"

在越国国难当头之际，西施忍辱负重，以身许国，成为吴王夫差最宠爱的妃子，把吴王迷惑得众叛亲离，无心国事，为勾践的东山再起发挥了重要作用。传说吴灭后，西施与范蠡泛舟五湖，不知所终。

其实在古代，女性大多是要去河中洗衣的。这既是生活中的规定动作，也是女子勤劳美德的表露。何谓闭月羞花、沉鱼落雁，谁也说不清楚。也许就是西施白衣飘飘，立在越溪水畔，轻揉曼投，长袖飞扬。那种把生活的真切与想象的浪漫紧紧结合的真实美和自然美，一下子就抓住了范蠡等人的目光。水流和河岸，就像是今天时尚的舞台，供人展露才艺。若有才貌出众的，被观众和星探发现了，也就可以走出小天地，登上大舞台，去尽情施展与挥洒了。范蠡的慧眼，不仅成就了自己的事业，也留下了千古佳话和绝世美人，任凭后人想象！

最近，有首琵琶乐曲名为《沉鱼·西施浣纱》。它于古乐曲中吸收了不少养分，但曲韵流畅不露痕迹。琵琶的演奏平稳沉着、如歌如泣。弦乐的烘托，婉转悠扬又激昂澎湃。它使人感受了古越国的山水人物风情及西施即将卷入吴越政治舞台的万般无奈。

还有厦门的美食家，创制了一道名为"西施浣纱"的菜肴。用鱼翅高汤煨烂入味，捞出装盘中模仿白沙；以菜胆虾胶捏制头像，以黑芝麻为眼睛、红辣椒仿嘴唇，制成上笼屉蒸熟定型取出，摆在鱼翅四周；最后，以适量高汤下锅烧沸，调以精盐、味精、鸡精，用湿淀粉勾芡，淋在鱼翅和美人菜胆上即成。据说色形俱佳，软滑鲜爽，味道醇美，令人浮想联翩。

若耶溪畔，西施浣纱，为后人留下无数创意想象

孔子「见大水必观」，水触发了他的哲思

名言和诗词中的人与水

● 感叹的，是流水还是时光？

《论语·子罕》中记载，已过半百的孔老夫子站立在山东曲阜泗水的河岸上，看着浩浩荡荡、汹涌向前的河水，感慨道："逝者如斯夫，不舍昼夜。"意思是说，时间就像这奔流的河水一样，不论白天黑夜不停地流逝。

"逝者"，没有特定的所指，自可包罗万象。且就天地人事而言，孔子仰观天文，想到日月运行，昼夜更始，便是往一日即去一日；俯察地理，想到花开木落，四时变迁，便是往一年即去一年。天地如此，生在天地间的人亦不例外。人自出生以后，由少而壮，由壮而老，每过一日，即去一日，每过一岁，即去一岁。自然界、人世间、宇宙万物，无一不是逝者，无一不像河里的流水，昼夜不停地流，一经流去，便不会复回。古希腊哲人亚里士多德也说："濯足急流，抽足再入，已非前水。"意思是说，人不能两次踏进同一条河流。

人生苦短，岁月如梭。千里之行，始于足下。

● 流淌的，是江水还是友谊？

我国有许多山水相连的邻邦。出于"远亲不如近邻"的友善态度，中国人民与邻国长期保持着和平共处、互相支援的关系。早在 20 世纪 50 年代，陈毅元帅就曾作过一首《赠缅甸友人》。诗中写道："我住江之头，君住江之尾。彼此情无限，共饮一江水。我吸川上流，君喝川下水。川流永不息，彼此共甘美。彼此为近邻，友谊长积累。不老如青山，不断似流水。"这首诗还被改编成纪录片《欢乐的节日》中的插曲，被广为传唱。

进入 21 世纪，中国与东盟共同启动澜沧江－湄公河流域开发，这条奔腾不息、穿越崇山峻岭和艰难险阻的河流，又将成为一条南北大动脉，输送不尽的人流、物流和友谊。这条自然的河流，将成为和平之水、进步之水，把蓬勃兴旺的中国与蓄势待发的中南半岛紧密地连接起来，成为推动亚洲发展的新发动机。

澜沧江水传送着中国与缅甸等东盟国家的友谊

● 感叹的，是飞瀑还是才情？

自然的美景，往往令人流连忘返，在诗人的眼中，更是激发灵感的源泉。当诗人李白来到庐山，看到美丽的三叠泉，不由诗性迸发。"日照香炉生紫烟，遥看瀑布挂前川。飞流直下三千尺，疑是银河落九天。"这哪里是人间，这是天上才有的美景！诗人的豪情与夸张的想象力，为庐山瀑布作了完美的诠释。名人的佳作，在一代代士子的吟咏中传诵。尽管后来在其他地方又发现了一些规模、水量和落差都大得多的瀑布，但是在国人的心目中，还有什么瀑布，能赶得上庐山瀑布有如此这般的声望和气度呢？

庐山飞瀑激发了诗人的创作灵感，名篇佳作传颂至今

● 慨叹的，是海水还是志向？

建安十二年（207 年）九月，53 岁的曹操北征乌桓，消灭了袁绍残留部队后，胜利班师。当他来到渤海之滨的碣石，即兴写下了《观沧海》："东临碣石，以观沧海。水何澹澹，山岛竦峙。树木丛生，百草丰茂。秋风萧瑟，洪波涌起。日月之行，若出其中；星汉灿烂，若出其里。幸甚至哉，歌以咏志。"

萧瑟秋风中，大海汹涌澎湃、浩渺接天，眺望山岛高耸挺拔，草木依旧繁茂，没有丝毫凋衰感伤的情调。这种新的境界、新的格调，正反映了他"老骥伏枥，志在千里"的"英雄"胸怀。

"日月之行，若出其中；星汉灿烂，若出其里。"诗人描写的大海，既是实景，又融进了想象与夸张，展现出大海吞吐日月星辰的宏伟气象，大有"五岳起方寸"的势态。这种"笼盖吞吐气象"是诗人"眼中"景与"胸中"情交融而成的艺术境界。

所谓的英雄气短、美人迟暮，讲的是无论英雄或美人，都有难以释怀的无奈。但是，总还是有人、有英雄

曹操碣石观海，借海之浩渺抒发内心壮士情怀和英雄抱负，写就《观沧海》

能向凡俗挑战。曹操在暮年的时候，依然东征西伐。与此同时，还留下了雄浑有力的诗篇《龟虽寿》。曹操生于乱世，富贵无常，生死莫测。但他的志向、气度和雄才大略是一脉相承的。

文化习俗中的人与水

● 龙舟赛与屈原

龙舟一词，最早见于先秦古书《穆天子传》卷五："天子乘鸟舟、龙舟浮于大沼。"《荆楚岁时记》载："五月五日，谓之浴兰节。是日，竞渡，竞采杂药。"五月五日便是"端午"。

后来，端午节则成为纪念爱国诗人屈原的日子。在战国时期，楚国贵族、士大夫阶层的代表屈原面对外敌的逼迫和内部的混乱，忧国忧民，愤而投水自尽。

投水，是高雅之士不肯与敌为伍、不肯同流合污的一种最后的反抗。一流清水将带着他们的精神与肉体回归自然。这是一种高洁的死法，也是脱俗的态度。

古时楚国人因不舍贤臣屈原投江死去而划船追赶拯救。他们争先恐后，追至洞庭湖时不见踪迹。此后每年的五月五日划龙舟以纪念之。划龙舟源于划舟驱散江中之鱼，以免鱼吃掉屈原的遗体；包粽子、并投于河湖之中，是让鱼吃粽子而不吃掉屈原的遗体；投香包入河是为保持屈原的遗体不发臭。

赛龙舟最早是古代吴越民族祭祀水神或龙神的一种活动，后用来纪念屈原。在我国一些地区，赛龙舟活动还有着更为丰富的内涵。

据著名学者闻一多先生的《端午考》说："端午节本是吴越民族举行图腾祭祀的节日，赛龙舟便是祭仪中半宗教、半娱乐性节目。"原始社会时期的南方水乡部族人民，深受蛇虫、疾病和水患的威胁。为了抵御这些天灾，他们尊奉想象中具有威力的龙作为自己的祖先兼保护神（图腾），并把船造成龙形、画上龙纹，在每年的端午节举行竞渡，以示对龙的尊奉，也以此表明自己是龙的子孙和龙的传人。

图说水与衣食住行

后来，赛龙舟活动还用以纪念爱国诗人屈原。此外，在我国各地，人们还赋予赛龙舟不同的寓意：江浙地区划龙舟，兼有纪念当地出生的近代女民主革命家秋瑾的意义。夜龙船上，张灯结彩，往来穿梭，水上水下，情景动人，别具情趣。贵州苗族人民在农历五月二十五至二十八举行"龙船节"，以庆祝插秧胜利和预祝五谷丰登。云南傣族同胞则在泼水节赛龙舟，纪念古代英雄岩红窝。虽然不同民族、不同地区的，赛龙舟的起源传说有所不同，但直到今天，在南方临江河湖海的地区，每年端午节都会举行富有自己特色的龙舟赛活动。

龙船竞渡前，先要请龙、祭神。如广东龙舟，在端午前要从水下起出，祭过在南海神庙中的南海神后，再安装龙头、龙尾，再准备竞渡。同时，将一对纸制小公鸡置于龙船上，认为可保佑龙船平安，隐隐可与古代鸟舟（远古天子乘坐之舟）相对应，以示隆重。闽、台一带，人们则要前往妈祖庙祭拜。四川、贵州等个别地区，则直接在河边祭龙头，杀鸡滴血于龙头之上。

在湖南汨罗市，竞渡前必先往屈子祠朝庙，将龙头供奉于祠中的屈原像前祭拜，披红布于龙头上，再装龙头于船上竞渡，既拜龙神，又纪念屈原。唐刘禹锡《竞渡曲》自注："竞渡始于武陵，及今举楫而相和之，其音咸呼云：'何在？'，斯招屈之义。"

还有龙舟游乡，是在龙舟赛时划着龙舟到附近熟悉的村庄游玩、集会。龙舟与乡民的生活也就产生了许多交集。

龙舟也进入到皇家的生活圈子。《旧唐书》中记穆宗、敬宗，均有"观竞渡"之事。《东京梦华录》卷七，记北宋皇帝于临水殿观看金明池内龙舟赛之俗。其中有彩船、乐船、小船、画舫、小龙船，虎头船等供观赏、奏乐。舟船列队布阵，争标竞渡，作为娱乐。北宋画家张择端的《金明池夺标图》即描绘此景。明代皇帝，会在中南海紫光阁观龙舟，看御马监勇士跑马射箭。清代时则在圆明园的福海举行竞渡，乾隆、嘉庆帝等均往观看。

宋代张择端《金明池夺标图》（局部），描绘了北宋时期在皇家园林金明池内举行龙舟赛的盛况

旱龙舟，则是在陆地上进行的模拟龙船比赛的活动。如《南昌府志》载："五月五日为旱龙舟，令数下人异之，传葩代鼓，填溢通衢，士女施钱祈福，竞以爆竹辟除不祥。"

许多地方还世世代代流传着龙船调。湖北秭归百姓在划龙船时，有完整的唱腔，词曲以当地的民歌与号子融合而成，曲调雄浑壮美，扣人心弦，有"举楫而相和之"之遗风。广东南雄县的龙船调，从四月龙船下水后要一直唱到端午时止，表现内容十分广泛。流传于广西北部桂林、临桂等地的龙船调，在竞渡时由众桡手合唱，有人领呼，表现内容也多与龙舟、端午节俗有关，歌声宏远动人。

赛龙舟在东亚、东南亚地区许多国家也很流行。前些年韩国将"江陵端午祭"申报世界非物质文化遗产。其"端午祭"历时一个多月之久，是融儒教、佛教、巫俗等为一体的传统祭祀活动，由祭礼、表演、商人集市等三部分组成，其核心是祭祀仪式，它完整地保存了韩国传统祭祀活动的形式与内容。这种古老习俗虽然与中国的端午节内容并不完全一致，但还是能从中看到中华文化与当地需求长期结合与演变的轨迹和遗存。

赛龙舟活动近年来在国内日益盛行，它不仅具有团结社众、强身健体的功能，还被赋予了文化色彩和爱国敬贤的职能，已经成为端午文化的重要组成部分。

● 修禊与《兰亭集序》

上巳，是指以干支纪日的历法中的夏历三月的第一个巳日，故又有三巳、元巳之别称。巳时即在中午的午时以前，即上午 9 时至 11 时。

古时上巳节的风俗是百姓齐到江河之滨，由女巫举行消灾祛病、洗涤垢秽、祓除不祥的仪式。《周礼·春官·女巫》记载："女巫掌岁时祓除衅浴。"东汉经学大师郑玄注释如下："岁时祓除，如今三月上巳，如水上之类；衅浴谓以香薰草药沐浴。"《后汉书·礼仪志》记载："是月上巳，官民皆絜（洁）于东流水上，日洗濯被除去宿垢疢为大絜。"《后汉书·周举传》也说："六年三月上巳日，（梁）商大会宾客，宴于洛水。"在先秦时，这已成为大规模的民俗节日，主要活动是人们结伴去水边沐浴，称为"被禊"，此后又增加了祭祀宴饮、曲水流觞等内容。魏晋以后，此节日改为三月初三，故又称重三或三月三。杜甫《丽人行》一诗中"三月三日天气新，长安水边多丽人"句，就是对唐代长安曲江风景区内节日盛景的描绘。此节日在我国流传时间甚久，不少地区至今尚有余韵可寻。

汉代学者应劭对上巳节的起源和意义作过阐述：因为此时正当季节交换，阴气尚未退尽而阳气"蠢蠢摇动"，人容易患病，所以应到水边洗涤一番。所谓"禊"，即"洁"，故"被禊"就是通过自洁而消弭致病因素的仪式。

另有一种观点认为，上巳节起源于兰汤辟邪的巫术活动。《诗经·郑风·溱洧》中描述，春秋时期郑国每到三月上巳日这天，男女倾城而出，来到溱水、洧水之滨，手执兰草洗濯身体，被除不祥。兰汤沐浴是个人行为，多在室内，并可随时实施；被禊则是集体活动，必在河滨，并须定时举行。

还有一种观点认为，上巳节的源头实际上是先民的生殖崇拜活动。水是神秘的感生物质，妇人临河不仅欲洗去冬日的尘垢，同时也盼触水感孕而得子。另有观点认为，上巳节的最初含义就是性爱狂欢。原始人为禁止因争夺异性而引起的互相残杀，生产时期实行性禁忌制度，男女分开生活。性开放的节日也就是"春社"和"社会"（聚社会饮）的起源，也正是三月三日民俗的最初形式。

三国魏以后定上巳节为三月三日，成为水边饮宴、郊外游春的日子。除被禊外，还进行曲水流觞的活动，尤为文人雅士所喜爱。流觞，亦称"流杯"，即投杯于水的上

清院本《十二月令图轴》之三月图，细致描绘了上巳节时，人们聚于水边举行祭祀宴饮、曲水流觞等活动的景象

上巳节不断衍化丰富，后来逐渐变成青年男女郊外踏青的"踏青节"

游，听其流下，止于何处，则其人取而饮其酒。后世上巳日，民间有戴荠菜花、挑荠、听蛙鸣等习俗。再往后，逐渐衍化，变成了男女到野外踏青郊游，于林下水滨欣赏大自然的风光，即所谓"三月三，踏青节"。这种变化，体现和完成了从以女巫为主体、以崇拜神灵为中心的信仰活动向以普通人们为主体、以游山玩水为中心的民俗活动的演变，因而也更具有人性与文化的色彩。

东晋时期，有名人名家修禊，由书法大家记述之，从而留下了《兰亭集序》的千古佳话。东晋永和九年（353年）的三月初三，时任会稽内史、右军将军的王羲之邀请谢安、孙绰等41位文人雅士聚于会稽山阴的兰亭修禊，曲水流觞，饮酒作诗。名士们列坐溪边，由书童将盛满酒的羽觞放入溪水中，随风而动，羽觞停在谁的位置，谁就得赋诗一首，倘若作不出来，便要罚酒三觥。正在众人沉醉在酒香诗美的回味之时，有人提议不如将当日所作的37首诗，汇编成集。众人又推选王羲之写一篇序言记述该盛事。王羲之酒意正浓，提笔在蚕纸上畅意挥毫，一气呵成。这就是名噪天下的《兰亭集序》（又名《兰亭叙》《兰亭宴集序》等）。翌日，王羲之酒醒后意犹未尽，伏案挥毫在纸上将序文重书数遍，却自感不如原文精妙。这篇序文已是其一生的巅峰之作，即使书圣本人也无法复制。

明末董其昌在《画禅室随笔》中写道："右军《兰亭叙》，章法为古今第一，其字皆映带而生，或小或大，随手所如，皆入法则，所以为神品也。"解缙在《春雨杂述》中说："右军之叙兰亭，字既尽美，尤善布置，所谓增一分太长，亏一分太短。"唐太宗赞叹它："点曳之工，裁成之妙。"

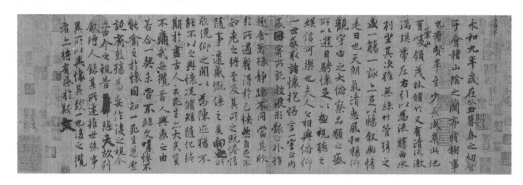

东晋王羲之《兰亭集序》帖

这册《兰亭集序》的后世流传也堪称传奇。唐太宗李世民对《兰亭集序》仰慕已久，多次重赏索求一直未果。后访知其在和尚辩才处，三次亲自召见，辩才诡称散失不知所在。房玄龄推荐监察御史萧翼以智取之。萧翼装扮成潦倒书生，拜到辩才门下，投其所好，弈棋吟咏，论书作画成忘年交。辩才失去戒心后，才出示悬于屋梁之《兰亭集序》真迹。萧翼乘隙私取此帖，返回长安复命。太宗大喜，命拓数本，赐予太子诸王近臣。李世民临终时，问太子李治："吾欲从汝求一物，汝诚孝也，岂能违吾心也？汝意如何？"于是《兰亭集序》真迹葬入昭陵。到了后梁时期，耀州节度使温韬盗掘昭陵，"从埏道下，见床上石函中为铁匣，悉藏前世图书，钟王笔迹，纸墨如新，韬悉取之，遂传人间"。

流杯亭中的曲水流觞

李世民命冯承素临摹的《兰亭集序》纸本，高 24.5 厘米、宽 69.9 厘米，现收藏于北京故宫博物院，此本曾入宋高宗御府，元初为郭天锡所获，后由大藏家项元汴收藏，乾隆时复入宫廷。

明代大家文徵明专门绘制了《兰亭雅集图》，表达对这一历史性文坛盛会的仰慕。

清朝的皇帝专门在圆明园中的流杯亭设置了曲水流觞。即便贵为天子，对忘情于自然、陶醉于雅意的胜境，也不免艳羡并追随之。还有许多地方景点，也模仿建造曲水流觞，以为风雅。

2014 年 4 月，河南省新郑的文化界人士在黄水河畔的郑风苑，邀请海内外文人雅士踏青群游、诵诗赋歌、抒情感怀、把酒临风，意欲将古老的修禊习俗继续传承下去。

●《水经注》与郦道元

《水经注》全书 30 多万字，详细介绍了中国境内 1000 多条河流以及与这些河流相关的郡县、城市、物产、风俗、传说、历史等。该书还记录了不少碑刻墨迹和渔歌民谣。《水经注》文笔雄健俊美，既是古代地理名著，又是优秀的文学作品。

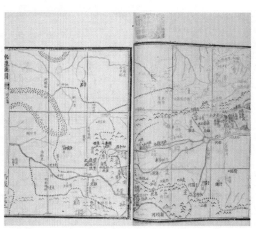

北魏郦道元的《水经注》

该书所记述的时间上起先秦，下至南北朝，上下约 2000 多年。它是 6 世纪中国的一部地理百科全书。难能可贵的是，它并非单纯地罗列现象，而是将丰富多彩的内容进行了系统的、综合性的记述。从河流发源到入海，干流及支流的河谷宽度、河床深度、水量和水位季节变化、含沙量、冰期以及沿途的伏流、瀑布、急流、滩涂、湖泊等都被详细记载。所记湖泊、沼泽 500 余处，泉水和井等地下水近 300 处，伏流 30 余处，瀑布 60 多处。

书中记载的一些政区建置可以补充正史地理志的不足，所记县级城市和其他城邑共 2800 座、古都 180 座，除此之外，记载的小于城邑的聚落（包括镇、乡、亭、里、聚、村、墟、戍、坞、堡等 10 类）共约 1000 处。

更重要的是，郦道元以文学艺术手法进行了绘声绘色的描述，"写水着眼于动态"，"写山则致力于静态"，被后人称赞为"魏晋南北朝时期山水散文的集锦，神话传说的荟萃，名胜古迹的导游图，风土民情的采访录"。仅就描写的瀑布来说，书中所用的词汇就有"泷""洪""悬流""悬水""悬涛""悬泉""悬涧""悬波""颓波""飞清"等，变化无穷。近现代的侯仁之教授曾根据《水经注》，复原了北京周边的古代水利工程，研究了毛乌素沙漠的历史变迁。

郦道元为了著作此书，搜集了大量文献资料，引书多达 437 种，辑录了汉魏金石碑刻多达 350 种左右，还采录了不少民间歌谣、谚语方言、传说故事等，并对所得各种资料进行了认真的分析研究，还亲自实地考察、寻访古迹、追本溯源。

《水经注》对中国地理学的发展做出了重要贡献，在中国和世界地理学史上有重要地位。许多地方后来的方志和记载，都以《水经注》这本古老而又翔实的图书作为参照物和范本。

● 苏轼与西湖

天下西湖三十六，人间美景在杭州。杭州西湖是我国十大名胜之一，面积 5.6 平方公里。西湖旧称武林水、钱塘湖、西子湖，宋代始称西湖。

中国古代城市建设非常重视自然山水与风景名胜的结合，注重将自然景观与人文景观融合，使之成为城市的特色。杭州的西湖，就是其中的佼佼者。它经过历代的修缮和妆点，集江湖、山林、洞壑、溪泉、春华秋实、夏荷冬雪等自然胜景与古刹、丛林及园林艺术家的雕凿为一体。

苏堤春晓为西湖十景之首，堤上遍种桃柳。每当春天的黎明时刻，月落星稀，晨钟初响，堤上垂柳低拂，晓霭迷茫，放眼雾中湖光山色，耳闻百鸟和鸣的啾啾之声，使人飘飘欲仙。断桥残雪，是神话《白蛇传》中许仙与白娘子相会定情的地方。断桥两旁，桃披红云，柳笼绿雾，香风送爽，波光摇翠。待到冬日积雪未化时，这里又是观赏雪景的好地方。

杭州西湖集自然胜景与人文景观于一体，成为杭州城市的名片

三潭印月是在苏东坡治理西湖后，作为湖界而在水中立的三座小塔。塔状如花瓶，浮漾水中。塔面有五个距离相等的圆洞。月明之夜，塔内点起灯火，水面上就会映出很多月亮。其景扑朔迷离，忽兮晃兮，胜似仙境。

苏轼先是在河南颍川郡（今河南许昌）发现并经营西湖，款待宾朋，悦己乐众，成为当地名胜。后来，他仕途变迁，春风得意，来到杭州。一方面告知友人将许昌西湖改名为小西湖，一方面将杭州西湖大力经营。苏轼在《饮湖上初晴后雨》一诗中写道："水光潋滟晴方好，山色空蒙雨亦奇。欲把西湖比西子，淡妆浓抹总相宜。"从此，西子和西湖，无论浓妆艳抹，还是清新素面，都是人间的绝美。

● 云水腾龙——皇帝新衣上的符号象征

皇帝专用的袍，称龙衮、龙袍，因袍上绣龙形图案得名。其特点是盘领、右衽、黄色，是皇帝在一般典礼时穿用的服装。武德年间，唐高祖令臣民不得僭服黄色，黄色的袍遂为王室专用之服，自此历代沿袭为制度。960年，赵匡胤"黄袍加身"，兵变称帝，于是龙袍别称黄袍。

龙袍上的每个图案都有着丰富的含义。以清乾隆明黄缎绣五彩云蝠金龙十二章纹吉服袍为例，该龙袍通身绣九条金龙，正龙正襟危坐、一团威严，行龙极富活力、似动而非动。四条正龙在龙袍最显要的位置——前胸、后背和双肩，四条行龙在前后衣

襟下摆部位，这样前后望去都是五条龙，这寓意着九五至尊。还有一条龙绣在衣襟里。

此外，龙袍在龙纹之间还绣以五彩云纹、蝙蝠纹、十二章纹等吉祥图案。五彩云纹是龙袍上不可缺少的装饰图案，既表现祥瑞之兆又起衬托作用。红色蝙蝠纹即红蝠，其发音与"洪福"相同，也是龙袍上常用的装饰图案。在龙袍下摆排列着代表深海的曲线，被称为"水脚"，水脚上装饰有波涛翻卷的海浪、挺立的岩石，这种纹样被称为"海水江崖"，寓意福山寿海，也隐喻山河统一。

尽管满族统治者为了维护自己的尊严不想被汉化，但为了加强其专制统治，由汉民族创造的服饰等级制度还是被清朝统治者所接受，体现在龙袍上，寓意最深刻的就是十二章纹样。它们的面积相对很小，再加上清代帝王礼服色彩鲜艳、图案丰富，使人们忽略了这拥有悠久历史、蕴含丰富的纹饰。这些纹样不仅具有装饰上的丰富和点缀作用，也是传统文化中逐渐成熟和程式化的做法，用来表达对帝王的尊崇和期待。具有完整的寓意和强烈的象征性。

这十二章纹包括：日、月、星辰、山、龙、华虫、宗彝、藻、火、粉米、黼、黻。分列左肩为日，右肩为月，前身上有黼、黻，下有宗彝、藻，后身上有星辰、山、龙、华虫，下有火、粉米。十二章纹发展历经数千年，每一章纹饰都有取义，"日月星辰取其照临也；山取其镇也；龙取其变也；华虫取其文也，会绘也；宗彝取其孝也；藻取其洁也；火取其明也；粉米取其养也；黼若斧形，取其断也；黻为两己相背，取其辩也"。也就是说，日、月、星辰代表三光照耀，象征着帝王皇恩浩荡、普照四方；山，代表着帝王的稳重性格，象征帝王能治理四方水土；龙，是一种神兽，变化多端，象征帝王们善于审时度势地处理国家大事；华虫，通常圈为一只雉鸡，象征王者要"文采昭著"；宗彝，是古代祭祀的一种器物，通常是一对，绣虎纹和蜼纹，象征帝王忠、孝的美德；藻，则象征皇帝的品行冰清玉洁；火，象征帝王处理政务光明磊落，火焰向上也有率土群黎向归上命之寓意；粉米，就是白米，象征着皇帝给养着人民，安邦治国，重视农桑；黼，为斧头形状，象征皇帝做事干练果敢；黻，为两个己字相背，代表着帝王能明辨是非，具有知错就改的美德。总之，这十二章包含了至善至美的道德，象征皇帝是大地的主宰，其权力"如天地之大，万物涵复载之中，如日月之明，八方圃照临之内"。

皇帝，常常被描绘成真龙天子。如何把和普通人其实没有二致的皇帝本人打扮成神呢？俗话说，佛靠金装，人靠衣装。明黄色的衣服是皇族的专用，其他人则可望不可即。如果再把云彩、海水、天龙和各种吉祥符号披在身上，如此色彩绚烂、威风凛凛的，那还会是凡夫俗子吗？臣子百姓被这套行头的博大气势唬倒，就只好匍匐于地，俯首称臣了。

● 民居中的"四水归堂"

在皖南密集的古老民居中，各家各户都有或大或小的天井，四周的建筑屋顶都要坡向天井，当地人称作"四水归堂"。所以，每当豪雨来临，不大的天井四周，屋檐落雨如帘，蔚为壮观。雨水汇入天井，汇入存水缸或花池水塘，也为紧凑的住宅建筑带来生机和乐趣。徽州居民多外出经商。从商人的角度来看，水也为财。能够积聚天下之水，汇于自宅，岂不是吉兆？此说非常流行。

四水归堂

其实，这种以天井为核心的高大多层的皖南民居，非常内敛、含蓄。这种格局既避免了来自外界的可能的窥伺和觊觎，也防止了邻里之间因屋顶排水问题而产生的纠纷。因而，皖南密集排布的民居建筑得以和睦相处、毗邻为安。

"四水归堂"的建筑理念，留住的仅仅是财吗？或许这吉祥的兆头会带来商战得利的心理作用。不过，天井的生机、雨水的滋养，家族的繁盛，邻里的和平，又哪样不是实实在在、护佑家人的财富呢？

● 木建筑上的"水"符号

中国在很早的时候就形成了木结构建筑体系，但如何防火以长存久安呢？古人采用了技术和心理并行的双重防火措施。

中国古建筑屋顶上的一些神兽暗含防火的寓意

一套是现实设置的防火系统。比如只通热气而隔绝明火的火炕和烟道，庭院中的河渠、池沼和蓄水缸，围墙和绿化隔离带，还有建筑屋顶中将木构件分隔开的锡背构造等，这都是技术上的防火措施。

还有一套是心理上的。比如皇宫木构上的绿云水纹、宁波天一阁藏书楼的暗含水意的牌匾和绿色琉璃，民居屋脊上的宝瓶和吉祥兽头等。

这两套体系互为因借，互相支撑，互为提醒，互相保障。不仅在技术上，也在理念上，将以水克火、防患未然的行动演变成一套可观可行、寓喻于艺的文化和习俗。

文化遗址中的人与水

● 河姆渡的兴衰

江南水乡，河湖众多。在杭州湾畔的浙江余姚，有条宽阔的姚江，并没有什么名气。但是1973年，考古工作者在姚江北岸发现了一片距今六七千年、面积达4万平方米的古文化遗址，从中出土的文物震惊了世界。这就是现在广为人知的河姆渡遗址。

河姆渡原始居民及房屋复原模型

河姆渡遗址出土了大量野生动物遗骨，计有哺乳类、鸟类、爬行类、鱼类等各种动物达40多种。还出土了数量较多的水牛骨头、千余件骨镞。柄叶连体木桨的发现，说明当时已有舟楫之便。舟楫除用于交通外，可能也在捕鱼捞物等活动中使用。利用禽类骨管雕孔制成的骨哨，既是一种乐器，狩猎时也可吹音用以诱捕动物。

还发现质轻的木纺轮，连同大小轻重不一的陶、石纺轮，可供抽纱捻线之用。河姆渡遗址出土的许多建筑木构件上凿卯带榫，还有燕尾榫、带销钉孔的榫和企口板，标志着当时木作技术的突出成就。在河姆渡还发现了中国迄今最早的漆器和采用竖井支护结构的最为古老的水井遗存。水井位于一处浅圆坑内，井口方形，边长约2米，井深约1.35米。井内紧靠四壁栽立几十根排桩，内侧用一个榫卯套接而成的水平方框支顶，以防倾倒。排桩上端平放长圆木，构成井口的框架。水井外围是一圈直径约 6 米呈圆形分布的 28 根栅栏桩，另在井内发现有平面略呈辐射状的小长圆木和苇席残片等，可见井上还当盖有井亭。

这些 7000 年前的先民掌握了水利技术、建筑技术，他们开挖运河沟渠，修建水田，种植水稻，修建大型房屋，创造了那个时代卓越辉煌的文明，也留下了壮观宏大的建筑遗迹。

那么，这个伟大的文明为什么又消失了呢？考古学家和历史学家通过对河姆渡遗址周围地质水文气候等古老资料的分析和研究后得出结论：河姆渡先进的生产力带来了人口的过度膨胀，而大量的人口和先进的生产技术又导致过度修建水利设施，向大自然的索取急剧膨胀，最终导致河流枯竭、环境恶化和生态平衡的崩溃。

河姆渡文化，兴于水利；败，也在于依赖技术的过分膨胀和扩张，从而造成了对环境的破坏。

● 黄河岸边的大河村

在郑州北郊、黄河南岸，一望无际的旷野之中，有一座古文化遗址大河村，也叫河村，面积约 30 万平方米。从历次发掘的大量墓葬、房基等遗迹看来，这个遗址包含有仰韶文化、龙山文化、商代文化 3 个不同历史时期的内容，文化层深达 4 米至 7 米。最引人注目的是残存的房屋，目前已发掘出房基 30 多座，建筑方式各异，有着明显的时代特征。其中一号房基的墙壁高达 1 米，距今已约 5000 年，属新石器时代仰韶文化晚期建筑，为目前国内该时期房基所仅有。出土的文物主要有红陶黑彩、白衣彩陶。彩陶片上描有各种天文图像如太阳纹、月亮纹、星座纹、日珥纹等。

大河村遗址
模型（局部）

当时先民们已经掌握了木骨泥墙技术，在大地上修建起像模像样的大房子，完全摆脱了地穴式建筑的幽暗和简陋，与后来常见的北方建筑已经没有太大区别。他们还掌握了白垩抹灰技术，使室内光线明亮。用柴火把地面和墙面烧硬固化，隔潮除湿，又便于清洁打理。甚至，他们会用水和黄土打制土坯，使得建筑的建构更加精细。这些耸立于大地之上的民居，可以让先民远眺黄河之浩瀚，尽享沃野之丰腴。

大河村已是久远的故事，当今的中原大地，有家生机勃勃的媒体，名曰《大河报》，力图传承大河文化的衣钵和影响。

● 浐河岸边的半坡遗址

人类许多文化遗址，都坐落在河边的台地上，这就是鱼水之利、舟楫之便吧。在古城西安东郊浐河的二级台地上，我们的祖先留下了一片巨大的聚落，这是黄河流域一处典型的原始社会母系氏族公社村落遗址，属新石器时代仰韶文化，距今6000年左右。

西安半坡遗址
出土的人面鱼
纹彩陶

半坡遗址出土的斧、锄、铲、刀、磨盘、磨棒等石制农具和镞、矛、网坠、鱼钩等渔猎工具，表明半坡先民的经济生活为农业和渔猎并重。出土的彩陶十分出色，红地黑彩，花纹简练朴素，绘人面、鱼、鹿、植物枝叶及几何形纹样。考古学者从陶器上发现22种刻画符号，有人认为可能是一种原始文字。

这里的地理环境非常好，渔猎和耕作都是可以选择的。温和的气候、丰饶的出产，为人的生存带来了多样化的选项。有研究证明，到了西汉时期，这里还有熊猫生存，可见植被是很发达的。半坡出土的器物上，最有名的就是反复出现的人面鱼纹装饰。有人说，这是聪明灵动的鱼儿带给当时的人们灵感，而产生的半人半神的图腾或吉祥符号；也有人说，这是早期平民艺术家和制陶工匠的创意和想象。不管怎样，它都成了北方民族人水情缘的物化表征，而被载入史册。

● 秦陵地宫的水银

中国历史上的第一个皇帝秦始皇，在并不长的统治期内，创建了许多伟大的事业。除统一文字、度量衡，修建驰道和长城外，他还制订了许多有利于统一的法令和措施，建立和完善了中国历史上第一个统一的强大政权。

公元前 247 年，秦始皇就开始给自己修陵墓。陵墓选在骊山脚下，因为这里是秦的都城。它前后修了 39 年。秦始皇陵整个陵园占地面积为 56.25 平方公里，封土原高 50 丈，（换算成今天的尺寸，就是 115 米），封土下面就是地宫。秦陵地宫"上具天文,下具地理"的记载出自《史记》。著名考古学家夏鼐先生曾推断："'上具天文，下具地理'，应当是在墓室顶绘画或线刻日、月、星象图，可能仍保存在今日临潼始皇陵中。"地质学专家常勇、李同先生先后两次来秦始皇陵采样。经过反复测试，发现秦始皇陵封土土壤样品中出现"汞异常"，而其他地方的土壤样品几乎没有汞含量。《史记》中关于秦始皇陵中埋藏大量汞的记载是可靠的。有人推测，地宫中的水银可能多达几吨甚至上百吨。更让专家称奇的是，将地宫内水银分布探测图和秦始皇统一中国后的秦朝疆域图对照，发现这两张图竟然有着惊人的相似。

那么，秦始皇如此在地宫中大量使用水银难道仅是为了实现千古一帝的恢弘想象吗？

众所周知，水银是一种有毒性的液态金属。如果有人进入地宫，会吸入水银所释放出来的汞蒸气而中毒。而且水银能够很好地隔热，在地宫之内形成一个密闭的隔热层，同时水银具有杀菌作用。所以，科学家普遍认为地宫中的水银是用来防腐防盗的。

水银还是金属器物镀金镀银非常重要的一种材料。所以可以推测，在春秋时期，墓室里面放水银是一种财富的象征。同时,水银也是炼制所有丹药的一种最基本的材料。

许多汉墓中都发现了类似于"天文""地理"的壁画。上部是象征天空的日、月、

秦始皇怀雄韬伟略，生前创建伟大功业，也为自己修建了宏伟陵墓。据考古专家探测推断，秦陵地宫中使用大量水银绘制了秦统一中国后的山川地理图

星象，下部则是代表山川的壁画。由此推断，秦陵地宫上部可能绘有更为完整的二十八星宿图，下部则是以水银代表的山川地理。

在《述异记》中，有"鲁班，以石为禹九州图"的记载，在《后汉书·马援传》中，有"聚米为山，指画地形"的记载，以指画地，画以"四渎、五岳、列国之图"等，说的都是制作"四渎、五岳"的立体地形模型。既然，在秦始皇时期就有制作山川模型的技艺，那么将这类模型放入墓中，也是一件很正常的事情。

水银，作为可流动的金属，比自然的水，更具有永恒的寓意和实在的质感！它其实还是一种期望和象征：帝国的版图和秦皇的伟业，都将永存于世！

● 马王堆汉墓的千年莲汤

1972 年，在长沙东北郊的马王堆，一座古老的土冢无意中被发现。后来人们才知道这是西汉时期封国长沙国宰相夫人的陵墓。这里出土了许多那个时代的资料，也留下了许多奥秘供人们去思考和探索。

令人惊奇的是，考古学家在现场发现了一个精美无比的食盒，并密封得完整如初。当它被小心翼翼打开的时候，里边竟然是一碗汤，中间还飘着一片莲藕。在众目睽睽之下，那片莲藕因接触空气而气化，转瞬就消失得无影无踪了。

这碗古老的莲汤和那具千年不腐的女尸，都成了很多科学家研究的对象。它们究竟是使用了什么方法，保存得如此长久？

● 古代冰窖

炎热的夏天，食物的保存和水果的保鲜是一个令人头疼的问题。今天的人们可以使用冰箱来轻松搞定。在古代的时候，又怎么解决这个问题？

在公元前建造的秦朝咸阳一号宫殿所留下的巨大夯土台中，考古工作者发现了深达十几米的、用沉井法制造的、带陶管护壁的井。井中并没有水，只有带绳索的陶盆的遗存。原来，古人利用深厚土层中温度较为恒定的原理，将食物、水果与冰一同储存于深井处，以此来冷藏保鲜。

后来，三国时期，曹魏在邺城修建了著名的冰井台，也是利用了相似的技术。

这是来自生活中的经验总结，进而转变成了古建筑当中的奇思妙想。

千百年来，全国各地都留下了人水情缘不断深化交融的史实和故事。

自然造化的物质环境，因为人的智慧而演化出多姿多彩的历史画卷。它蕴含在人们的思想、习俗、行为规范、礼仪、传说、观念、爱好之中，并固化为建筑形制、衣食风尚、语言文字、书籍典章、故事传说和谚语歌谣，代代相传，沐风教化。

人，离不开水；水，也因为人们的经营和利用具有了更大的意义和作用。

水是自然之物，人与水的关系的经营也是文化。

邺城冰井台之井深15丈，用以储藏冰块、粮食、煤炭等物，或许是中国最早的「冰箱」

第二章

行云流水，气韵不凡——水与衣装服饰

兵来将挡，水来土掩。人们的日常生活离不开水，但还要躲避雨水带来的侵袭。雨具是人创造的保护身体的工具，也是人和雨比试智慧的结果。

从身披兽皮到衣装华美，衣装服饰成为人类文明的标志之一，也是各地方文化的重要载体。

在中国漫长的历史长河中，服装及其装饰的源流和演变，包含着许多信息和技艺，其形制、样式、内涵、偏好、工艺、做法也成为与其他民族和文明相区分的重要标志。其中，雨具是人们为了避雨而创造的护身工具，也是水文化在衣饰文化上的显现和表达。

水与雨具

● 蓑衣——独钓江雪意蕴浓，一蓑烟雨任平生

蓑衣，是古代劳动者用一种不容易腐烂的草（民间称蓑草）编织而成的像衣服一样能穿在身上用以遮雨的雨具。蓑衣起源古老，《诗经》里《小雅·无羊》就出现了"尔牧来思，何蓑何笠"。何，即"荷"，意思为担，引申为披、戴。"何蓑何笠"就是披着蓑衣戴着斗笠。

蓑草常生于沼泽、湿地、沟渠、河滩等地，甚至河谷地区多湿的山岩隙间、沿河荒坡地带也生长旺盛。它木质素含量低、纤维素含量高，且纤维细长、质韧，其 0.4 米至 1.5 米的株高和柔韧的质感使它成为了手工编制品的上乘原料。

在中国的广袤大地上，气候湿润，水域辽阔。由燕山至秦岭一带

蓑衣用生长于沼泽、河滩等地的蓑草编织而成，用来遮雨

的高原和山岭上，都是茂密繁盛的森林，大平原上布满了纵横交错的大小河流与成片的沼泽。在河流与湖泊间则形成灌木、芦苇以及蓑草丛生的茫茫原野。在远古渔猎文明时期，聪明灵巧的先人们面对河流纵横、温暖潮湿的气候环境，就地取材，师法自然，直接使用大自然提供的蓑草当服装原料。先人们看中了蓑草的特点，用蓑草编织成蓑衣，用以遮风挡雨、驱寒保暖，甚至狩猎时蓑衣也成了最好的"护身服"。

同时，中国古代有向天乞雨的传统。这时，雨天才穿的蓑衣便成了人们乞雨时必不可少的重要道具。人们往往披蓑戴笠，敲锣打鼓，祈求上天降雨。求雨人要敞头赤脚或头戴斗笠、身披蓑衣，呈现出一派下雨的景色。可见，蓑衣不仅仅是遮风挡雨的工具，也幻化成了人们祈雨仪式的一种道具和符号。

据上古神话传说记载，蓑衣竹笠是伏羲从天上飞向人间的圣物，也是其他神话故事的凭借物。人们还传说伏羲时代晴天少阴雨多，夏季里更是经常阴雨连绵，麻类织成的衣物不利于田间劳作和渔猎。这时候，民间发明了用草与树皮编成的防雨工具，称作蓑衣，以适应当时的恶劣天气。后来，人们便把这项发明归功于伏羲了。据说伏羲在树下演绎八卦就是穿着蓑衣戴着竹笠。

此外，蓑衣也常常出现在诗意中，在文人笔下被形诸吟咏。仕与隐是古代文人仅可选择的两种出路，出仕者自锦袍阔帽，而隐居者也需要他们的"身份象征"，或酒或茶，或梅或兰或竹或菊，或鹤，或闲云孤帆，这些人们都早已道之，而实际上，蓑衣也是隐士们不可缺少的陪衬之物。张志和写了一首《渔歌子》："西塞山前白鹭飞，桃花流水鳜鱼肥。青箬笠，绿蓑衣，斜风细雨不须归。"这首诗把悠游自在、逍遥无待的"青箬笠，绿蓑衣"的渔父形象描绘得淋漓尽致，成为诗人高远淡泊、悠然脱俗的意趣表征。那蓑衣似乎张开哲学或者文学的羽翼翩翔在空气中，如神灵一般深邃而幽黑，为文人们向往和仰望。

现在，一些楼堂馆所内还悬挂着蓑衣作装饰，折射出当代人在市场经济物质浪潮的

在中国古代，蓑衣竹笠也是隐士们的一种身份象征

冲击下，对农耕时代那种艰辛但愉悦、清贫但平和宁静的生活和向往，人们希望借助蓑衣来找回逝去的宁静以及平和的生活和内心。

● 斗笠——雅俗共聚，好生自在

《说文解字》中提到一个"簦"字，意为竹篾编的有盖有柄的遮阳挡雨的器具，而有盖无柄的则称之为笠，又称笠帽，俗语称之为斗笠，因其平面如斗大小，又称笠、笠子、笠帽。

斗笠起始于何时，已不可考。从《国语》"簦笠相望"来看，斗笠作为雨具，至迟出现于公元前5世纪初。斗笠一般用细细的竹篾织成两块网状的竹笪夹着箬叶而成，呈圆形，中间凸起一尖顶，戴在头上用绳子系牢，常以材质区别品名。例如，箬笠（即竹笠，又称箬帽），以箬（一种细竹）的叶或篾，夹细纸制成；草笠，以草梗编成，其中芦苇质的称苇笠，香蒲质的称蒲笠；毡笠，以毛毡片制成；雨笠，是雨林地带采用当地棕皮、棕毛编结而成的大斗笠。另据民间传说，当人类由渔猎转为耕作时，斗笠就已经开始使用，不过那时的斗笠制作很简单，系绳也就地取材，多用柔软的树皮纤维。据说有一农夫正在耕作时，忽然狂风大作，卷走了他的斗笠，农夫赶紧去追，一下抓住系绳，恰巧这系绳很长，斗笠便像风筝一样在空中飞行。农夫觉得非常有趣，以后便经常给村民放斗笠，后来演变成放风筝。

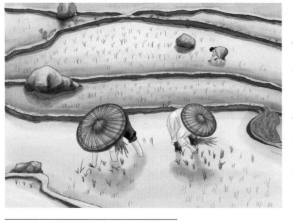

斗笠既是雨具，也是农家田间劳作的遮阳工具

斗笠在雨具中集雅俗于一体。"俗"体现在就地取材上，天然去雕饰，没有刻意精雕细琢，作为农耕时代农家极不起眼的家用物件，虽然外表看上去平常无奇，但却十分实用。除了遮挡自然的风雨外，斗笠还成为历代文人墨客遮挡世俗风雨的载体，有着悠久的历史文化传承。在文人墨客眼里，戴着斗笠，雨大时低头，雨小时抬头，把笠沿压下，就意味着把那份对物欲横流的欲望压下，故而为历代文人墨客们所称颂。这，便是斗笠的"雅"。齐己在《送胤公归阙》中提道："充斋野店蔬无味，洒笠平原雪有声。"以苦为乐，令人敬畏。唐朝诗人吕岩在其《绝句》中说道："斗笠为帆扇作舟，五湖四海任遨游。"

这种洒脱是一种甘于苦寂、毫无羁绊的洒脱风度。

戴着斗笠在雨中行走，看着笠沿的雨滴，细数每滴雨的声音。大粒的雨，声如洪钟，嘭然有声；小滴的雨，咝咝作响，声音清脆，到处都湿漉漉的，只有头部干洁如玉，心中自有一种独立寰宇的感觉。斗笠戴在头上，遮住了往上的视线，只能看前方或者身下，没办法瞻前顾后、左顾右盼，只能义无反顾地朝前走！这在心理上就有了一种反观静默的暗示，在行动上有了一种遗世独立的姿态，斗笠庇护的感觉成为了一种享受，令人随性所至，晴雨不惧。大俗的斗笠在雨水中成为了个人行动的大雅。

● 草帽——遮尘抵雨，农耕记忆

草帽，是以麦草（水草、麦秸、竹篾或棕绳等）编织的帽子，帽檐较宽，可用来挡雨，遮阳。

从古到今，中华民族重视农耕，对水有一种特别的眷恋，重水惜水用水，依靠水来精心呵护着脚下每一寸土地上生长的农作物，并且运用自己的智慧，巧妙地利用麦草编制成草帽，为人类所用。这不仅是一种顺应自然的中国式生存之道，也是中国人在为人处世上谦逊祥和、不追求过于精致的生活习惯的反映，甚至是中国人在治国经世上所追求的天人合一、道法自然的理想境界。

草帽的原料来自大地，散发着泥土的味道、故乡的味道，这些味道，已经在漫长的时光中和故土、乡亲、亲情等情感要素融合在一起，成为一份浓得化解不开的复杂情怀。

一顶草帽，千根麦秸，作为人与风雨、烈日之间的媒介，它编织着岁月对人间苦情的无上向往。雨来时，水敲响的是流逝的音符，"嘭""嘭""嘭"……草帽下的韶华随声而逝；收割间，毒花花的太阳穿不透草帽，却把帽檐下的生命望出了甘苦。

● 雨伞——和水亲密接触的"情人"

也许是和雨水亲密接触的原因，雨水逐渐成为了伞的"情人"，而伞成了人们的保护神和表达感情的工具。

草帽既可挡雨，又可遮阳，至今仍是农耕劳作时农家常用的工具

水之善兮伞亦公。水润万物而不争，从水之道，而不为私焉。伞遮阳挡雨也体现着善，并以公道的形式表现出来。无论是达官显贵还是布衣百姓，无论是腰缠万贯还是一贫如洗，当需要时，伞都会撑开为人们遮风挡雨。当人们不需要时，伞又会无怨无悔地及时收拢身子，静静地待在角落里。

水之慧兮伞亦聪。"水至清则无鱼，人至察则无徒"，意思是水过于清澈，鱼难以生存；而人太精明并过分苛察，就不能容人，就没有伙伴没有朋友。伞与人体保持着一定的距离，又不离不弃，做到了中庸。人生在世不如意之事常有，当学伞之能屈能伸，学习伞的适境而生、顺其自然。

中国是世界上最早发明雨伞的国家，伞在中国有着悠久的历史

水之柔兮伞亦软。伞面不论质地如何，却始终保持了柔软富有弹性的特色，这使得雨水敲打伞面时能在一定程度上软着陆，从而均匀地四散开去。柔情似水，伞情也柔美。据传伞是鲁班的妻子云氏发明的，她看到丈夫长年在外劳作，担心丈夫受日晒雨淋之苦，便暗自琢磨着做一种能遮雨的东西。她把竹子劈成细条，在细条上蒙上兽皮，收拢如棍，张开如盖，这就是后来的伞。诗人也多次巧妙地以伞借物抒怀，表达忠贞的爱情。此外，《白蛇传》中许仙的借伞，还成就了人蛇千年等一回夫妻恩爱的美丽传说。如果说水之柔告诉了人们何谓柔情似水，那么伞之软则告诫了人们世事无常、良缘难得、且行且珍惜。

水之坚兮伞亦实。《庄子》云："水之积也不厚，则负大舟也无力。"意思是水积不深厚就无力行大船，伞也是如此，伞骨不坚伞柄不硬，伞面便不能遮风挡雨。这也启示着人们：人若没有骨气，学问不深，修养不高，又怎能担当重任？伞的品格还体现在实在上，无论主人怎么对待自己都能欣然接受，无怨无悔。

伞也在昭示着什么是付出、包容、关怀、体谅、舍己、奉献……

水品固可贵，伞品亦无价。

水与服饰

服装不仅用来遮身蔽体，还可承载文化。服装的材料、质地、款式、纹饰等都映射出当时的社会发展状况。这其中，以水为主要内容的服饰又呈现出了怎样的风格特色呢？在中国文化的语境中，"孤舟蓑笠翁，独钓寒江雪"还包含着冷静的、深刻的、超凡脱俗的追求。而在各个地方的文化传统和生活习惯中，服饰更是地方特色的显性要素，构成了多姿多彩的民风民俗的组成部分。

● 傣族服饰——处处留心皆水情

傣族，因居住地和装束的不同，分为水傣、旱傣和花腰傣，但是择水而居、量水而行、循水而治、顺水而为是他们共同的特点。傣族从农业生产到建筑风格，从文学艺术到服饰特色，无不体现着傣族人喜水、爱水、敬水、亲水、护水和惜水。在傣族人心目中，水是生命的源泉，是孕育万物的乳汁，因此傣族被誉为水的民族。

傣族水文化博大精深，除了家喻户晓的泼水节之外，傣族服饰文化也是彰显水文化的重要载体。如果说泼水节是傣族人对水浓烈的激情之爱，那么服饰则是傣族人对水深沉的敬仰之爱。水是傣族服饰艺术的一个重要主题，傣族服饰也处处体现着人水和谐的理念。傣族女性长筒裙式的服饰设计以及服饰上各种反映水元素的图案、盘发所用的水螺状发髻、男性文身等，这些特征与择水而居的生活习俗有着密切的关系。

傣族女性服饰特点是上穿白色或绯红色内衣，外面是紧身短上衣；下着长筒裙，一直长及脚背。长筒裙紧裹腰身，把女性修长柔美的身材衬托得淋漓尽致，再加上优美的舞姿，给人一种行云流水般的韵律和淡雅。从实用角度来看，筒裙利于通风散热，又可在一定程度上较好地防止蚊虫叮咬，这对于居住在热带雨林地区的傣族来说，是再实用不过了。近水而居的环境使得傣族人有时要涉险滩、淌河水，有时下水劳作，面对深浅未知的水域，必要时要将筒裙向上提起，此时的长筒裙有利于劳作生活。而且筒裙洗浴时也十分方便：入浴时，以筒裙裹身，一边向水中走去，一边将筒裙慢慢卷起，当水没及胸部时，筒裙也随之盘在头顶。浴后，慢慢走出水中，筒裙也从头顶解下，边走边放，人出水，筒裙又裹在了身上。由此可见，长筒裙看似简约却不简单。可以说，长筒裙是

傣族百姓适应水乡泽国的地理环境、气候条件和水文状态的产物。

长筒裙除了整体上的适水特色之外，其颜色也是多姿多彩，多以水红、雪白、浅绿、淡蓝等浅色调为主，在气候炎热的西双版纳，这种色彩不仅视觉上给人以凉爽，而且对日光的吸收较少，湿后也容易干。在图案风格上，也无时无刻不彰显出水的元素。例如，女子上装后腋部有两根细带子，最初的含义是代表水。有的筒裙上有竹瓢、竹筒、水罐等图样，这些图样折射出傣家人引水、取水、盛水、喝水等生产生活情景；有的图案则是若干种绿、红、黑等混合颜色的横向纹样，代表山泉、湖泊、溪流；也有的上有浮具（葫芦）纹、船纹等，反映了傣族水上生活的状况；还有的是表现瀑布、雨水等自然现象的图案，以表示对自然水文现象的崇拜，希望天佑民族免遭灾祸；水中鱼虾、水鸟等动物，也是筒裙上图案的重要题材。从筒裙上这些图案上可以看出，傣族和水的关系的确是难舍难分、非比寻常。

傣族女性的发式和发上的配饰也与水中动物水螺有关。傣族女性一头乌黑油亮的长发，松松地盘在脑后，略偏右侧，形状与常见的水生生物螺十分相似。发髻上饰以小巧的发梳或者是蛙形、螺形的发簪，显得优雅别致。据说这与傣族中有关水螺的各种传说有关。这些传说虽然版本不同，但都有一个特点——与傣族女性有关，并且傣族女性戴上水螺状发饰后，或者容貌美丽动人，或者拥有非凡神力，或者……

把水螺这种生物的形状作为女性的发式和发上的配饰，必然有其原因。水螺的繁殖能力特别旺盛，傣女以其作为身上的装饰，是作为生殖崇拜和祈求生命旺盛来穿戴的，这也是傣族水乡生态环境的现实反映。

傣族男子服饰也同样反映了居住地水的环境特点。男子上穿白色、蓝色等秀丽、轻盈、明快色彩的无领对襟或大襟袖衫，下穿长筒裤，裤筒也比较宽大，在水田中劳作时方便把裤筒向上提起，下水也方便。然而傣族男子最重要的服饰是在胸、背、腹、四肢等处文身，文身是傣族男性最具特色的身体装饰。傣族有这样一句谚语："豹子、老虎都有花纹，男人没有花纹怎么行呢？"按传统习俗，傣族男子到一定年纪都要文身，否则就被认为是背叛傣族先人，会受到歧视。男子文身既象征勇敢，又可以祛邪护身，没有文身的男人是"分不出公母的白水牛"，会被姑娘们视为懦夫，甚至娶不到老婆。《百夷传》说："百夷，其首皆免，胫皆鲸，不宪者杀之，不鲸者众叱笑，比之妇女。"文身的花纹有动物形状，多为虎、狮、象、龙蛇等；也有文字形状，例如咒语、成句的佛经等；还有水波纹，直线条，或者圆形、方形、三角形或者云纹样等，以示勇敢或祈求吉祥之意。文身究竟是怎样产生的，已无法得到确切的答案。但是文身的产生与水有着相当密切的关系，则是为人们所普遍接受的。文身现象存在于世界各地，但是以近水而居的民族为最多。据相关文身资料显示，文身以环太平洋地区为最多，与水的关系可见一斑。

　　傣族文身的产生与傣族的先民生活在水乡泽国有关，被称为绘在身体上的思想。有关傣族文身的传说和史料记载都可以说明这一点。傣族有很多有关文身的传说，这些传说大多与傣族的生活方式以及河流有关。有一个传说：在很久以前，傣族祖先生活在江河湖泊旁，以打鱼捞虾为生。那时候，江河中的水怪专门咬在水中干活的人，穿裤子的人却不咬。傣族人总是光着腿下河劳动，所以经常遭到水怪的伤害。他们便从"麦色耿"树上取汁染腿，然后就像穿上裤子一样，颜色长期不褪，下河就不再被水怪伤害了，这或许是傣族文身的起源。

傣族男子文身传说是其祖先为驱避水怪所创

　　除了这些传说之外，史料中也有类似记载。《汉书·地理志》云："常在水中，文身断发，以像龙子，以避蛟龙之害。"无论是传说还是史料，都说明文身是生活在水边的人们为避免受到水中生物的伤害而产生的，这或许是一种心理强化的体现。人们通过在自己的身体上绘上与水中生物相似的图案，把自己幻想成水族一员，假想获得了在水中往来自如的能力，必不致为龙蛇水怪所害。我们看到傣族文身的图案花样很多，其中很多为鳞状纹、水点团花纹、波浪纹等描画水的特征的纹样，也有龙、蛇等生活在水中的生物的图案。这些图案很可能是早期文身的主要图案，后来随着人们认识和改造世界的深入，才有了更多的文身图案。在自己的身上刻画上一些某种动物的花纹，自己也就成这种动物，并且具有了它们的力量。

傣族后人逐渐地加以优化、深耕、盘活，不断地和生存的水环境以及人文社会环境相适应，赋予了它更多的文化内涵，并把它作为一种独特的文化形态保留下来，最终成为了一种民族性的象征和标志。

● 水布——一布多用，妙趣无穷

我国广东省与福建省连接处的潮汕地区，地处沿海，江河水网密布，海岸线曲折绵长，多优良港湾。由于常有台风与地震威胁，而且地少人多，素有"耕田如绣花"之美誉。这里的人们以渔业、水上运输业、商业和少量的水稻种植业为主要营生方式。独特的地理环境，风土人情，逐渐诞生了该地"三宝"：一为人们熟知的功夫茶，二是柔婉动人的潮州戏，三便是鲜为人知的水布（亦称浴布）。

潮汕水布是潮汕农民普遍使用的一种劳作用布。它是一种方格条纹的彩印薄纱布，极稀薄，吸水后易拧干且柔软，价格低廉。每条水布一般长 1.1 米至 1.3 米、宽 0.5 米至 0.6 米，印上小方格，或红或蓝或青或紫。

潮汕水布，曾称为浴布和束腰带、包扎带，也可用作包袱布、卧席和擦抹布。那么，潮汕水布是何时出现的呢？史料没有确切的记载，但民间有这样的传说：古代交通不便，木材要载运，方法是将其缚成排，顺流漂下，此行业者因撑排和下水推排的关系，为省衣着和便于水中活动，往往都是赤身露体的；又有些鱼贩子，既要下水抓鱼，又要汗流浃背地挑鱼急行，也往往都是赤身露体。据说韩文公被贬来潮州时，见到这一情形，认为赤身露体招摇过市有伤风化，遂命赤身露体者用一长布条把下身围起来。这就是民间所传潮汕水布的由来。

水布不仅廉价，而且一布能够多用，除了上述的代替短裤"遮羞"之外，还可以作为行李袋子使用。对于出门远行之人来说，用水布一包一结，就能将携带的若干件衣服和日用品提在手中或甩向肩后背着，

潮汕水布，一物多用

图说水与衣食住行

简单方便，水布俨然是旅行袋。而当人们从外归来，顺路买东西时，水布又可代替筐篮包东西回家。古时使用铜钱，水布则可代替钱袋，即用水布将钱币一包，折成小长条，往腰间一勒，既方便也安全，就如现在的腰包一样。当遇到搬运重物时，则将水布叠成厚厚一小块垫在肩上代替肩垫，既能减轻重物与肩头的摩擦，又可防止重物滑动。劳累后需要休息时，把水布往地上展开，无异于草席。潮汕地方，雨量充沛，江河交错，农民田间劳动常遇雨涉水或与泥巴打交道，渔民、船民天气炎热时节，流汗和污垢甚多，常要下水洗澡，此时的水布既可代替面巾擦洗，也可围起下身以便换衣服。水布还可以当头饰、帽子，特别是在端午节赛龙舟时，参赛者用水布包在头上，既可遮阳，又增加了几分生猛之气。

可以说，水布在潮汕男人世界中尽出风头。然而在潮汕妇女那里，水布也不逊色，妇女往往用水布把小孩斜背在胸前，使用起来比正规的"背兜"还方便。所以，从前潮汕的平民百姓家，至少都有一两条水布。水布有如此多的妙用，因而成为了潮汕人不可缺少的随身之物。潮汕是侨乡，早期许多潮汕人漂洋过海到异国他乡谋生，也携带水布，用它包着几块硬邦邦的干粮和零碎日用品，因此，水布也成为背井离乡的潮汕人必不可少的物品。

● 渔妇肚兜——多样图案水意浓

肚兜古称兜肚，是中国古代的内衣之一，多为女性和小孩所穿，上面用布带系在脖颈上，下面两边有带子系于腰间。肚兜是中国传统服饰文化的精华，它原是古代女性闺房情趣的添加剂，然而在渔妇昔日的劳动服饰中，肚兜除了传统的遮羞、美观、体现曲线美的功用之外，更为重要的是以实用为主。这是因为鱼汛旺季，妇女特别忙碌，尤其是当男人们把鱼捕回来之后，妇女们的任务则是洗鱼、剖鱼、晒鱼和翻鱼。此时头顶骄阳，脚踩热土，弯腰起身，挥刀杀鱼，忙个不停，必定是汗流浃背。为此，渔妇多以肚兜护体：一方面，肚兜可以减少乳房的摆动，起到护乳的作用，让妇女们干活时感到轻快利索；另一

绣有水生动物图案的渔妇肚兜

方面，体内的汗水逐渐被肚兜所吸收，一时间不至于汗流直下。

除了使用功能的不同外，渔民的肚兜花纹图案和传统肚兜花纹也不尽相同。传统肚兜的面上常有图案，有印花有绣花，印花流行的多是蓝印花布，图案多为"连生贵子""凤穿牡丹"等吉祥图案；绣花肚兜较为常见，刺绣的主题纹样多是中国民间传说或一些民俗讲究，如鸳鸯戏水、喜鹊登梅、莲花盛开以及其他花卉草虫，大多是趋吉避凶、吉祥幸福的主题。但渔妇所绣的图案往往与水元素有关联，更具水文化特色。特别是出海打渔的渔家，其渔妇的肚兜形状及图案大多与鱼相关。如肚兜内有个小口袋，口袋的周围画着海蜇和乌贼，而小口袋则是海螺的形状。若是孕妇，肚兜的形状为婆籽鱼，即怀孕的大鲳鱼，寓意产子多多、多子多福；若是出嫁的新娘，肚兜上绣的是比目鱼，寓意比目鱼儿双双游、夫妻恩爱和谐相亲。

- ● 贵重金属饰品——渔民最贴身的身外之物

渔民以水为生，水是渔民安身立命的生活之基、生产之要。下水捕鱼，甚至下海捕鱼，更是经常。尽管与水的长期接触，使得渔民们对水情能够逐渐了解熟悉，但正如那句"天有不测风云，人有旦夕祸福"的俗语那样，渔民们有时遭遇狂风暴雨甚至台风，船毁人亡、葬身鱼腹也是不可避免的事，故有"今天我吃鱼，明天鱼吃我"的俗语。一次台风过后，有渔民尸体漂至异乡被成群的乌鸦、海鸟啄吃，乡民不忍目睹，想把那残缺的尸首收敛却因没钱买棺木或草席，只得在沙滩上挖一个坑，将尸首草草埋下。为了避免发生在发生意外死之后落尸荒野无人收拾，渔民们出海时会在耳朵上别上金银耳环，以备发现者取用以料理后事。由于常年在水上营生，腰带也是渔民系裤不可缺少的工具，沿海渔民用的是银质腰带，用银元或银条串成，银质腰带不藏水，不因水浸而变色，同时也是一种财富的标记。另外，银腰带片刻不离腰，窃贼也难以偷走。因此，沿海多见系银腰带这种风习。万一渔民出海遇到风暴灾难大难不死，流落他乡，有银腰带在身，还能有点盘缠可以回家。如若丧命，只盼遇到好心人发现后，把腰上这些值钱的东西变卖了，买口棺材埋葬他们。这些渔民们为自己留条后路的身外之物，届时也许就是意外之时的保护神了。

● 香云纱衣——水中淘"纱"淘出的服饰

香云纱衣，俗称薯莨绸、薯莨衫，是中国珠江三角洲地区比较流行的一种服饰，也是世界上唯一使用纯植物染料染色的真丝绸面料。这种衣物，穿着走路时会沙沙作响，故称"响云纱"，后人取其谐音，美其名曰"香云纱"，现在其制作技艺属于国家级非物质文化遗产。

传说以前珠三角的渔民用薯莨浸泡渔网后，渔网变得坚挺耐用，渔民在浸泡渔网时衣服上也染上了薯莨汁，后来渔民发现衣服浸泡了薯莨汁后也像渔网那样坚挺。再沾染了河泥则能使衣服发出黑色的光亮，且衣服越穿越柔软耐用。因此，渔民在浸泡渔网时也开始浸泡自己日常衣服。当时的珠三角地区，已经把来自中原地区的农桑技艺吃透摸清，到处都是桑基鱼塘，盛产蚕丝和蚕丝织物，因蚕丝面料用久了较易发黄并易皱，不耐穿，因此，生产丝绸的农户将这种渔民浸泡织物的方法用于浸泡丝绸面料，这就是香云纱绸的前身。

珠江三角洲地区盛产丝绸。当地农户用薯莨汁浸泡丝绸面料，制成香云纱衣

香云纱衣的制作讲究三纯：纯天然、纯植物、纯手工。纯天然，是指以纯天然的桑蚕织物为基础原料。纯植物，是指染色原料来自纯植物薯莨。薯莨是岭南地区的一种多年生缠绕藤本植物的地下块茎，其粉碎后棕红色的汁液是染制香云纱的主料之一，用薯莨汁液对桑蚕织物反复多次浸染，摊晒，使织物黏附一层黄棕色的胶状物质，此时只是半成品。此外，纯天然的河泥也是奇特的染料之一，这种黑色塘泥要专门采自珠三角顺德、番禺一带没有经过任何污染的含有氧化铁的河塘淤泥。纯天然的阳光是制作香云纱衣必不可少的外部条件，染料发生作用靠的热量完全来自阳光，每年4月到11月是晒莨的好

香云纱晾晒工艺

季节，但又要避开日照过于强烈的七八月与大风天，因此真正是"靠天吃饭"的手艺。就连晒莨的草地也有讲究，绸匹只有在草皮上晒莨，而且是1厘米至2厘米厚的草地，草身不能过软，软了受不了绸匹的压力，真可谓"上靠晴天风和日丽，下靠翠绿整洁草地"。纯手工，是指从桑蚕织物到薯莨染色，从塘泥涂面到日光晾晒，从洗涤晒干到拉幅整装，全靠手工操作。

桑蚕织物、薯莨汁液、河塘淤泥、温暖阳光、勤劳双手勾勒出了香云纱衣的前世今生：当塘泥中的铁离子以及其他生物化学成分与薯莨汁中的鞣酸产生化学反应，经纯手工反复多次水洗、发酵、晾晒，染织品表面的胶状物逐渐变成了黑褐色的鞣酸亚铁之后，抖脱塘泥，清洗干净，就成了面黑里黄、油光闪烁的香云纱。黑色的成分就是鞣酸亚铁、棕色成分是氧化变性了的鞣酸，经堆陈发酵后，最终成为服装面料。可以说，一匹完美香云纱的诞生，是"天时地利人和"的结果，天然的蚕丝、岭南独特地理生态环境下生长的薯莨和淤泥以及阳光，最重要的是人们的勤劳智慧，让地下不起眼的薯莨、泥土得以产生交集，使香云纱衣得以横空出世。

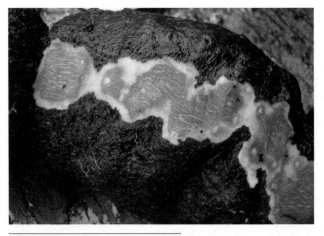

薯莨

由于薯莨是一种可吃的食品，又是中药材，它的汁具有清凉、除湿、祛毒、清火功能。面料的纤维浸透了薯莨汁，从而使面料也具有了上述保健功能，并具有易洗快干、色深耐脏、不沾皮肤、轻薄而不易折皱、不渗水等特点，摸上去平整滑爽，柔软且富有身骨，对皮肤和身体极有益处，特别适合在湿热的夏季穿用，即使在40℃的暑天里，穿上香云纱服装，仍感十分凉爽宜人。小孩使用这种面料做成的枕头，再热的天也不会生痱子。对化学染色的面料皮肤过敏的人穿上香云纱服装，还具有治疗和保健作用。香云纱因此被誉为丝绸中的"软黄金"、服饰中的"普洱茶"。经薯莨汁染过的衣物还可以抵御太阳光的辐射，因而特别受到沿海地区人们的青睐。

随着岁月的流逝，新型纺织纤维和纺织产品不断涌现，香云纱早已在市场上绝了迹，我们只能偶尔在《南海潮》《红色娘子军》等老电影中才能看到它的身影：老渔民、南霸天、老四等人都穿过这种外黑内棕，略带闪光效果的对襟布扣绸布衫。但独特的典雅气质、别具一格的生产工艺、深厚的文化内涵、特殊的面料特性，使香云纱仍然散发着独特的东方神韵。

第三章

提气养神，回味悠长——水与饮食

民以食为天。

中国的饮食文化非常丰富，并且与中国人的生活习惯一脉相承。中国的饮食传统已经成为传统文化非常重要的组成部分。国人的饮食作为东方文化在生活中的表达，以养生为目标、以营养平衡为法则。它以满足身体需要为根本，以口味调整为导引，以烹饪技术为辅佐，着力打造符合东方思想和长久需求的饮食规则。

"饮食"二字充分说明：在中式食品中非常重视饮用方法和水样食物的研发。因此，中国天南地北的人发明了粥、饺子、云吞、炖菜、火锅、米线、包子、烩菜等林林总总的各种食品。不仅以八大菜系为代表，各处的地方小吃也层出不穷、花样翻新。这几年流行的电视纪录片《舌尖上的中国》，正是对这些丰富美食的渲染和揭秘。

中国传统饮食当中有一种很突出的技术，也被有些学者称为"蒸煮文化"。看起来，这只是食品的加工方法，与西方突出的烧烤加工方式相异，其实，这仍然是一种观念的产物。这种观念就是来自东方文化之中的温和包润、滋润涵养的基本观点。

蒸煮是不急不躁的，平心静气，风轻云淡。它讲究的是平衡持久、清淡隽永的智慧和达观。在此态度上，自然衍生出许多烹饪理念和特色技巧。它们一方面满足着人们的口腹之欲，同时还滋养着人们的口味和性情，延续着温和淡定的生活追求。

烧烤是火急火燎的，火烧油煎，炽热火爆。它表达的是干柴烈火般的刺激和欲望，令人狼吞虎咽、欲罢不能。人的口味一旦被养重了，不知不觉中，过度摄入的油脂和调料，就成了身体的累赘和负担。

比如同为主食，蒸制的馒头、包子和烤制的面包、三明治，其营养成分上的差别远

中国传统美食多采用蒸和煮的烹饪方式，因而中国饮食又有「蒸煮文化」之说

没有在口感上的差别大。对于东方和西方人来讲，在口味和肠胃的接受能力上的差别就更大。更突出的例子就是，东方人喜欢豆浆，而西方人则偏爱牛奶。

水性平和，火性猛烈。其特性与偏好也借助加工方法赋予了食物当中，形成其风味，不仅改变食物的构成和性状，也产生不同的特质和适应性。

食物的制作，是人们生活习惯、技巧和观念的组成部分，它体现着人们对于现实世界的态度，也体现着对于自我世界的态度。

且不去说历史上的满汉全席等饕餮大餐，许多普通的民间美食也都很有历史和来头，形成了各地的饮食风格和口味。比如北方的涮锅、粥，东北的乱炖和杀猪菜，重庆的火锅，广东的靓汤，都风生水起、各领风骚。还有各地均不乏拥趸的饺子、包子、馄饨、米线，皆品牌处处、数不胜数！

不同的出产、气候、生活条件、加工方法和习惯，形成了各地食品的千变万化和独特风味。

水与食物的各种形态和做法

食物，从形态上看，有固体、液态和混合状态的，例如豆腐、豆浆和豆腐脑；从加工方式看，有蒸煮烩炖、煎炸烹炒等，比如水饺、蒸饺、煎饺；从作用来看，有主食、副食、菜肴、小吃等。

● 粥

粥又称糜，是一种把稻米、小米或玉米等粮食煮成的稠糊的食物。在中国 4000 年有文字记载的历史中，粥的踪影伴随始终。在文字上，最早见于《周书》："黄帝始烹谷为粥。"《史记》扁鹊仓公列传载有西汉名医淳于意（仓公）用"火齐粥"治齐王病。汉代医圣张仲景在《伤寒论》中所述："桂枝汤，服已须臾，啜热稀粥一升余，以助药力"，便是有力例证。进入中古时期，粥的功能更是将"食用""药用"高度融合，进入了带有人文色彩的"养生"层次。

宋代苏东坡有书帖曰："夜饥甚，吴子野劝食白粥，云能推陈致新，利膈益胃。粥

水将各类食材的味道兼收并蓄，通过火和时间的作用，形成美味的佳肴

粥的营养丰富，中医认为其有食疗的功效，自古就是中国人养生保健的佳品

既快美，粥后一觉，妙不可言。"南宋著名诗人陆游也极力推荐食粥养生，认为能延年益寿，曾作《粥食》诗一首："世人个个学长年，不悟长年在目前，我得宛丘平易法，只将食粥致神仙"。

由此可见，粥与中国人的关系，正像粥本身一样，稠黏绵密，相濡以沫；粥作为一种传统食品，在中国人心中的地位更是超过了世界上任何一个民族。

粥熬好后，上面浮着一层细腻、黏稠、形如膏油的物质，中医里叫做"米油"，俗称粥油。很多人对它不以为然，其实，它具有很强的滋补作用，可以和参汤媲美。中医认为，小米与大米味甘性平，都具有补中益气、健脾和胃的作用。粥熬好后，很大一部分营养进入了米汤中，其中尤以粥油中最为丰富，其滋补力之强，丝毫不亚于人参、熟地等名贵的药材。清代赵学敏撰写的《本草纲目拾遗》中记载，米油"黑瘦者食之，百日即肥白，以其滋阴之功，胜于熟地，每日能撇出一碗，淡服最佳"。清代医学家王孟英在《随息居饮食谱》中写道"米油可代参汤"。米油和人参一样具有大补元气的作用。

婴幼儿在开始添加辅食时，粥油也是不错的选择。在穷苦人家，如果产妇奶水不足，米油和米粥也就成了婴孩儿的主食。

中医有"年过半百而阴气自半"的说法，意思是说老年人不同程度地存在着肾精不足的问题，如果常喝粥油，可以起到补益肾精、益寿延年的效果；产妇、患有慢性胃肠炎的人经常会感到元气不足，喝粥油能补益元气、增长体力，促进身体早日康复。喝粥油的时候最好空腹，再加入少量食盐，可起到引"药"入肾经的作用，以增强粥油补肾益精的功效。据《紫林单方》记载，这种吃法还对患有性功能障碍的男性有一定的治疗作用。

煲汤是有名的中式美食，特别讲究配水技巧

● 煲汤

煲汤，又称"广东老火汤"。天气炎热，胃口难开。汤品可口，易于消化。煲汤往往选择富含蛋白质的动物原料，最好用牛、羊、猪骨和鸡、鸭骨等。其做法是：先把原料洗净，入锅后一次加足冷水，用旺火煮沸，再改用小火，持续20分钟，撇沫，加姜和料酒等调料，待水再沸后用中火保持沸腾3小时至4小时，使原料里的蛋白质更多地溶解，浓汤呈乳白色，冷却后能凝固可视为汤熬到家了。

制鲜汤以陈年瓦罐煨煮效果最佳。其通气性、吸附性好，还具有传热均匀、散热缓慢等特点。其相对平衡的环境温度，有利于水分子与食物的相互渗透，这种相互渗透的时间维持得越长，鲜香成分溶出得越多，汤的滋味鲜醇，食品质地越酥烂。

煲汤配水有技巧。水既是鲜香食品的溶剂，又是传热的介质。应使食品与冷水一起受热，即不直接用沸水煨汤，也不中途加冷水，以使食品的营养物质缓慢地溢出，最终达到汤色清澈的效果。研究发现，原料与水分别按 1：1、1：1.5、1：2 等不同的比例煲汤，汤的色泽、香气、味道大有不同，结果以 1：1.5 时最佳。对汤的营养成分进行测定，此时汤中氨态氮的含量也最高。但是，汤中钙、铁的含量以原料与水 1：1 的比例时为最高。

"饭前喝汤，苗条健康"，"饭后喝汤，越喝越胖"。这从胃肠对食物的吸收和消化方面都可以解释得通。

● 火锅

火锅，古称"古董羹"，因投料入沸水时发出的"咕咚"声而得名。它是中国独创的美食，历史悠久。据考证，新中国成立后出土的东汉文物"镬斗"，即为火锅。

三国时代，已有用"五熟釜"制成的火锅，这奠定了火锅的基本形态。南北朝时期，使用火锅煮食逐渐增多，各式火锅相继登场。隋炀帝时代，就有了"铜鼎"，也就是火锅的前身。北宋时代，火锅已被记入典籍，名叫"拨霞供"。

相传，明代文学家杨慎小时候随其父杨迁和赶赴弘治皇帝在御花园设的酒宴。宴上有涮羊肉的火锅，火里烧着木炭，弘治皇帝借此得一上联"炭黑火红灰似雪"，要众臣嘱对，大臣们顿时个个面面相觑。此时，年少的杨慎悄悄地对父亲吟出下联："谷黄米白饭如霜"。其父遂把儿子的对句念给皇上听，皇上龙颜大悦，当即赏御酒一杯。清代乾隆皇帝也吃火锅成癖，于嘉庆元年正月在宫中大摆"千叟宴"，全席共上火锅 1550 余个，应邀品尝者达 5000 余人，成为历史上最大的一次火锅盛宴。

四川火锅出现在清代的道光年间（1821—1851 年），发源地是长江之滨泸州小米滩。

火锅历史悠久，到清代已是宫廷冬令佳肴

当时，长江边上的船工们常宿于此，停船即生火做饭驱寒，炊具仅一瓦罐，罐中盛水（汤），加以各种蔬菜，再添加辣椒、花椒，味道妙不可言。这种既经济又方便的吃法吸引了更多的人。

在中国，吃既是民生之本，更是一种文化。东北招待客人时，火锅里的菜摆放颇有规矩：前"飞"后"走"、左鱼右虾、四周轻撒菜花，即飞禽类肉放在火锅对炉口的前方，走兽类肉放于火锅后边，左边是鱼类，右边是虾类，各种菜丝稍许放一些，宛若"众星捧月"以示尊敬。若对待不速之客，则把两个特大肉丸子放在火锅前边，后边是走兽类肉，示意他识相离去。

台湾客家人多在大年初七这天吃火锅，火锅用料有7样是少不了的，即芹菜、蒜、葱、芫菜、韭菜、鱼、肉，这分别寓意勤快、会算、聪明、人缘好、长久幸福、有余、富足。

火锅之乐，在于意趣，亲朋好友，宾客同伴，围着火锅，边煮边烫，边吃边聊，可丰可俭，其乐无穷。正如清代诗人严辰写的"围炉聚饮欢呼处，百味消融小釜中"。大家把臂共话，举箸大啖，浓情荡漾，洋溢着热烈融洽的气氛，应合了大团圆这一传统文化。吃的岂止是火锅，更是一种氛围和感觉。

● 米线

米线，汉族传统风味小吃，云南称米线，中国其他地区称米粉。米线类似面条，是半成品，很容易加工成食物。

古烹饪书《食次》之中，记米线为"粲"。"粲"本意为精米，引申义为"精制餐食"。《齐民要术》中谓"粲"之制作，先取糯米磨成粉，加以蜜、水，调至稀稠适中，灌入底部钻孔之竹勺，粉浆流出为细线，再入锅中，以膏油煮熟，即为米线。又因其流出煮熟，乱如线麻，纠集缠绕，又称"乱积"。至宋代，米线又称"米缆"，已可干制，可馈赠他人。陈造《江湖长翁诗钞·旅馆三适》曰："粉之且缕之，一缕百尺缱。匀细茧吐绪，洁润鹅截肪。吴侬方法殊，楚产可倚墙。嗟此玉食品，纳我蔬簌肠。七筋动辄空，滑腻仍甘芳。"

米线中最负盛名的当属过桥米线，而此名的由来还有一个动人的故事。据说云南蒙

自县城有一书生，英俊聪明，但喜欢游玩，不愿下功夫读书。妻子劝慰书生道："你终日游乐，不思上进，不想为妻儿争气吗？"闻妻言，生深感羞愧，就在南湖筑一书斋，独居苦读。妻子乐为书生分忧，逐日三餐均送到书斋。日久，书生学业大进，但也日渐瘦弱，妻子很心疼。一日，宰鸡煨汤，切肉片，备米线，准备给书生送早餐。儿子年幼，戏将肉片掷于汤中。妻怒斥儿子闹剧，待将肉片捞起，视之，已熟，尝之，味香，大喜。即携罐提篮，送往书斋。因操劳过度，晕倒在南湖桥上。书生闻讯赶来，见妻已醒，汤和米线均完好，汤面为浮油所罩，无一丝热气，疑汤已凉，以掌捂汤罐，灼热烫手。书生感慨道，此膳可称为"过桥米线"。

佳话从此流传，过桥米线不胫而走，竟成云南名膳。歌手后弦演唱的歌曲《过桥》便取材于这个故事，并加以新的诠释。

● 馄饨

馄饨是中国汉族的传统面食，用薄面皮包馅儿，通常为煮熟后带汤食用。

西汉扬雄所作《方言》中提道"饼谓之饨"，馄饨是饼的一种，差别为其中夹馅，经蒸煮后食用；若以汤水煮熟，则称"汤饼"。

古代中国人认为这是一种密封的包子，没有七窍，所以称为"浑沌"，依据中国造字的规则，后来才称为"馄饨"。至唐朝起，正式区分了馄饨与水饺的称呼。

过去老北京有"冬至馄饨夏至面"的说法。相传汉朝时，北方匈奴经常骚扰边疆，百姓不得安宁。当时匈奴部落中有浑氏和屯氏两个首领，十分凶残。百姓对其恨之入骨，于是用肉馅包成角儿，取"浑"与"屯"之音，呼作"馄饨"。恨以食之，并求平息战乱，能过上太平日子。因最初制成馄饨是在冬至这一天，所以在冬至这天家家户户吃馄饨。

馄饨

另有一种说法是冬至之日，京师各大道观有盛大法会。道士诵经、上表，庆贺元始天尊诞辰。元始天尊象征混沌未分、道气未显的第一大世纪，故民间有吃馄饨的习俗。《燕京岁时记》云："夫馄饨之形有如鸡卵，颇似天地混沌之象，故于冬至日食之。"

还有一种说法与西施有关。相传春秋战国的时候，吴王夫差打败越国，得到绝代美女西施，终日沉湎歌舞酒色之中，不问国事，吃腻了山珍海味，食欲不振。细心的西施跑进厨房，和面又擀皮，包出一种畚箕式的点心，放入滚水里一汆，点心便一只只泛上水面，又加入鲜汤，端给吴王。夫差一尝，鲜美至极，连声问是何种点心。西施暗中好笑：这个无道昏君，真是混沌不开。她便随口应道："馄饨。"吴越人家不但平日爱吃馄饨，而且为了纪念西施的智慧和创造，还把它定为冬至节的应景美食。

馄饨名号繁多，江浙及北方等大多数地区称馄饨，而广东则称云吞，湖北称包面，江西称清汤，四川称抄手，新疆称曲曲等。

● 饺子

饺子是一种有馅的半圆形或半月形、角形的面食，深受百姓喜爱，是中国北方大部分地区春节必吃的年节食品。相传东汉年间，"医圣"张仲景发明饺子是为了给百姓治疗冻伤的耳朵。饺子在宋代的时候，传入蒙古。饺子在蒙古语中读音类似于"扁食"，样式也由原来馅小皮薄变成了馅大皮厚。随着蒙古帝国的征伐，扁食也传到了世界各地，出现了俄罗斯饺子、哈萨克斯坦饺子、朝鲜饺子等多个变种。

春节吃饺子的民间习俗在明清时已相当盛行。饺子一般要在大年三十晚上子时以前（现一般为23：00）包好，待到子时吃，取"更岁交子"之意。"子"为"子时"，交与"饺"谐音，有"喜庆团圆"和"吉祥如意"的意思。清朝史料记载："每年初一，无论贫富贵贱，皆以白面做饺食之，谓之煮饽饽，举国皆然，无不同也。富贵之家，暗以金银小锞藏之饽饽中，以卜顺利，家人食得者，则终岁大吉。"

还有酸汤水饺的做法，半碗酸汤半碗饺子，以酸汤化解油腻，但过去，在艰苦年代，家里人多而饺子少，也有以汤顶饥的作用。父母们常常一边喝着饺子汤，一边说着"原汤化原食儿"，也有让家里众多而饥馋的孩子们能多吃些饺子的良苦用心。

● 包子

包子是中国汉族传统面食之一，用面做皮，用菜、肉或糖等做成馅包成的一种食品。包子在古代称作"豚馒"，大约在魏晋时期便已经出现。晋代束皙在《饼赋》中说，初春时的宴会上宜设"曼头"。这里所说的"曼头"其实就是包子。而"包子"这个名称的使用，则始于宋代。

饺子是古老的传统面食、是中国北方大部分地区春节必备的年节食品

《燕翼诒谋录》中记载："仁宗诞日，赐群臣包子。"包子后注曰："即馒头别名。"馒头之有馅者，北人谓之包子。北宋陶谷的《清异录》就谈到当时的"食肆"（卖食品的店铺）中已有卖"绿荷包子"的。南宋耐得翁在《都城纪胜》中说，临安的酒店分茶饭酒店、包子酒店、花园酒店三种，而包子酒店则专卖鹅鸭肉馅的包子。

包子一般是用面粉发酵做成的，大小依据馅心的大小有所不同，最小的可以称作小笼包，其他依次为中包、大包。让面粉发酵有很多办法，如小苏打发酵、老面发酵、酵母发酵等。这些都是通过发酵剂在面团中产生大量二氧化碳气体，蒸煮过程中，二氧化碳受热膨胀，于是面食就变得松软好吃了。酵母中的酶能促进营养物质的分解。因此，消化功能较弱的人，更适合吃这类食物。同样，早餐最好吃面包等发酵面食，因为其中的能量会很快释放出来，让人整个上午都干劲十足。

包子的发明者相传是三国时期的诸葛亮。明代郎瑛在其笔记《七修类稿》中记载了这个传说：蜀国诸葛亮带兵攻打南蛮，七擒七纵蛮将孟获，后班师回朝经过泸水，突然狂风大作，浪击千尺，鬼哭狼嚎，大军无法渡江。诸葛亮召孟获来问明当地风俗。原来，两军交战，阵亡将士无法返回故里与家人团聚，故在江上兴风作浪，阻挠他人回程，须用 49 颗人头祭江，方可风平浪静。诸葛亮心想：两军交战死伤难免，岂能再杀 49 条人命？他即命厨子以米面为皮，内包黑牛白羊之肉，捏塑出 49 颗人头，然后陈设香案，洒酒祭江。从此，在民间即有了"馒头"一说，诸葛亮也被尊奉为面塑行的祖师爷。

开封"第一楼"灌汤包子

开封第一楼是一家百年老店。该店所经营的"第一楼小笼包子"，源于北宋东京名吃"王楼山洞梅花包子"。"第一楼"小笼包子造型优美，其形之"提起像灯笼，放下像菊花"。开封灌汤包不仅形式美，其内容精美别致，肉馅与鲜汤同居"一室"，吃之，便就将北国吃面、吃肉、吃汤三位一体化，是一种整合的魅力。当地人还有吃法和口诀要领："轻轻提，慢慢移，先开窗，再喝汤，一扫光，满口香。"

开封灌汤包集面、肉、汤于一体，汤是其精华之处

南京"一条龙"包子

南北朝的陈国建都在建康（今南京），其末代皇帝陈叔宝被称作"陈后主"。他小时候十分贪玩，有一天穿了便服，跑到了秦淮河边瞎转悠。来到一家包子铺门前，包子才出笼，香味儿扑鼻。他伸手拿起包子，张嘴就咬。店家看他穿着绸缎，不像寻常人家子弟，也不敢吱声。后来，陈后主又接二连三地来拿包子吃。店家忍不住了，说道："小主顾，这铺面本小利微。瞧您穿戴是大户人家，不在乎几个小钱，还是请留个账头，日后也好侍候。"陈后主听懂了，心想：我的名儿谁敢叫！于是随口就说："朕是一条龙。"店家听不明白，递过笔。陈后主歪歪扭扭地写了"一条龙"三个字。不久，人们都知道"一条龙"就是小皇帝陈后主。达官贵人都来吃，生意兴旺得很。包子铺门口，皇帝站过的，叫做"龙门"，这条街称作"龙门街"。"一条龙"三个字也被装裱上了中堂。以后，陈后主当上皇帝，觉得小时候的事荒唐，便以"造谣惑众，欺君罔上"的罪名查封了这家店铺。然而，"一条龙"包子却愈加出了名，一直流传到今天。

"狗不理"包子

"狗不理"包子创始于1858年。清咸丰年间，河北武清县杨村（现天津市武清区）有个年轻人高贵友，因其父四十得子，为求平安养子，故取乳名"狗子"。狗子14岁来天津学艺，在天津南运河边上的刘家蒸吃铺做小伙计。

由于高贵友手艺好，做事又十分认真，从不掺假，制作的包子口感柔软，鲜香不腻，形似菊花，色香味形都独具特色，引得十里百里的人都来吃包子。

由于来吃的人越来越多，高贵友忙得顾不上跟顾客说话，这样一来，吃包子的人都戏称他"狗子卖包子，不理人"。久而久之，人们喊顺了嘴，都叫他"狗不理"，把他所经营的包子称作"狗不理包子"！

袁世凯曾把"狗不理"包子进献慈禧太后。太后尝后大悦，曰："山中走兽云中雁，陆地牛羊海底鲜，不及狗不理香矣，食之长寿也。"西哈努克亲王到天津时还特地约请"狗不理"包子铺的厨师到他的住地，为他制作"狗不理"包子，并且按照这家包子铺的传统吃法，吃了稀饭和酱菜。美国总统布什在他任前驻华联络处主任时，也曾慕名到天津去品尝"狗不理"包子。所以，天津俗谚说："不尝狗不理，没到天津卫。"

● 洛阳水席

洛阳四面环山，雨少而干燥，古时天气寒冷，不产水果，因此民间膳食多用汤类，喜欢酸辣，以抵御干燥寒冷，逐渐形成"酸辣味殊，清爽利口"的风味。

所谓"水席"有两个含义：一是全部热菜皆有汤；二是热菜吃完一道，撤后再上一道，像流水一样不断地更新。全席共设24道菜，包括8个冷盘、4个大件、8个中件、4个压桌菜。上菜顺序极为考究，先上8个冷盘作为下酒菜，每碟是荤素两拼，一共16样。待客人酒过三巡再上热菜：首先上4大件热菜，每上一道大件之后，紧跟着上两道中件（也叫陪衬菜或调味菜），美其名曰"带子上朝"。最后上4道压桌菜，其中有一道鸡蛋汤，又称送客汤，老百姓土话叫"滚蛋汤"，表示菜已上全，吃完该"走你"了。热菜必以汤水佐味，鸡鸭鱼肉、鲜货、菌类、时蔬无不入馔，丝、片、条、块、丁，煎炒烹炸烧，变化无穷。

洛阳水席的热菜菜品和食用方式都讲究一个「水」字

水席相传是由唐朝的袁天罡发明的。他早年夜观天象，知道武则天将来要当皇帝，但天机又不可泄露，就设计了这个大宴，预示武则天日后24年的酒肉光景。每道菜汤汤水水，暗指武则天水到渠成；干干稀稀，是喻指武则天24年的统治。"洛阳水席"的菜序是前八品（冷盘）、四镇桌、八大件、四扫尾，共24道菜，这正应了武则天从永隆元年总揽朝政，到神龙元年病逝洛阳上阳宫的24年。

洛阳水席的头道菜是"牡丹燕菜"，原称为"假燕菜"，是用萝卜充当燕窝而制成的菜肴。传说武则天称帝以后，洛阳东关外长出了一个大白萝卜，长有三尺，上青下白，称作祥瑞。武则天很是欢喜，遂命御厨将之做菜。御厨对萝卜进行了多道加工，并掺入山珍海味，烹制成羹。武则天品尝之后，感觉香美爽口，很有燕窝汤的味道，就赐名为"假燕菜"。从此，"假燕菜"成为宴席头道菜，即使在没有萝卜的季节，也想法用其他蔬菜来做成"假燕菜"。

1973年10月14日，周恩来总理陪同加拿大总理特鲁多来洛阳参观访问，当地名厨

牡丹燕菜花她、菜香、汤鲜、味美、被列为洛阳水席的首菜

创制了一道清香别致的"洛阳燕菜"。只见一朵洁白如玉、色泽夺目的牡丹花，飘浮于汤面之上，菜香花鲜，赢得贵宾们拍手称赞。周总理风趣地评点："菜里开花了。"所以后来它又被称为"牡丹燕菜"，菜以花名，花以菜传，两者相得益彰。

洛阳有家主营水席的老字号饭庄，叫"真不同"。它始创于1895年，招牌为作家李准题写。民间有"不进真不同，未到洛阳城"之说。洛阳水席的前八品也称下酒菜，象征武皇的"服、礼、韬、欲、艺、文、禅、政"的八大特征，亦为八大宴绩。最后是一道"圆满如意汤"，以示全席圆满结束。

● 东北炖菜

北魏贾思勰所著的《齐民要术》一书中，曾记述了北方少数民族的"胡烩肉""胡羹法""胡饭法"等肴馔的烹调方法。东北人饮食要求是丰盛、大方，以多为敬，以名为好，故东北菜馆以酱棒骨、酱大排为主打菜，很得民心。

大炖菜是满族人发明的。满族早年以狩猎为生，住在野外，迁徙不定，烹饪器具只有吊锅一种，自然只好炖了，故有所谓的"八大炖"。拿现在的话讲，杀猪菜可是纯粹的绿色食品。一入冬，大人小孩都盼着杀年猪、吃杀猪菜。人们用杀猪的过程编了一句歇后语："杀猪不吹气———蔫退（煺）了"，形容不声不响就离开的人（含贬义）。掌锅的（多为杀猪匠）要拿根针，不时地扎血肠，针眼不冒血立即出锅，保准鲜（嫩）。这时候，杀猪菜的香味就像长了翅膀，满屋子乱窜，满屯子乱飞。主人要请来左邻右舍、亲戚朋友，热热闹闹围成几桌。这种带有浓厚东北色彩、粗犷热烈的习俗也就成了人们款待宾朋、酬谢邻里的绝佳手段。

人种与食物的适应性

种族是带有深刻进化特征的产物，不同种族具有形态学上的不同特征。种族是"自然"的产物，而民族是"文化"的结果。

不同种族的人在外形上（比如身高、体重、毛发、肤色、眼睛、体态）有明显差异，内在构造上（比如肌肉爆发力、灵活性、平衡能力，血液换氧能力等）也存在差异。例如，蒙古人种和欧罗巴人种在忍受高温方面要比尼格罗黑人差得多，热带种族所特有的窄而高的头型，比低平而宽的头型更适宜于强烈日射的环境。

反映在对食物的适应性上，不同人种也存在差异。比如，牛奶中含有乳糖，需要乳糖酶分解吸收，没有消化的乳糖累积在肠道里，会发酵并产生气体，引起腹胀或腹泻，地球上只有居住在阿尔卑斯山以北的荷兰人、丹麦人和瑞典人等民族体内有充足的乳糖酶，而世界上超过 2/3 的人缺乏乳糖酶，中国人更有 80% 以上缺乏乳糖酶。

牛奶成为人体第一号食物过敏原。牛奶激素（尤其是来自吃含激素饲料的奶牛）可以使人长高，但同时刺激人体对激素敏感的器官——性器官细胞过度增长。爱喝牛奶的英国女人 10% 死于乳腺癌。牛奶很少含 DHA。牛奶中还含有一种蛋白，叫牛血清白蛋白（BSA），儿童糖尿病与对这种蛋白的过敏有关。科学家建议，婴儿在出生后六个月内不要吃乳制品。同时，这种蛋白还可能使钙流失，导致骨质疏松。

牛奶发酵后制成酸奶，部分乳糖分解成半乳糖或葡萄糖，另外多了乳酸菌。乳酸菌既可以帮助奶中钙的吸收，又可以增加肠道中的好菌。所以，酸奶的适应性要好于牛奶。

植物中大豆的钙和镁的含量都很丰富，所以喝豆浆钙的净吸收率比喝牛奶更高。大豆和豆浆的血糖指数（18）比牛奶的（27）要低；大豆中的低聚糖是肠道好菌（双歧杆菌）的食粮。另外，大豆含有丰富的优质蛋白、卵磷脂、异黄酮以及多种维生素和矿物质。2001 年，美国食品药品监督局 (FDA) 组织十佳食品评选，大豆夺了冠军，成为食品之冠、营养之花。

中国有充足的光照，更有富含钙的大豆和深绿色多叶蔬菜，所以我们的祖先没有通过喝牛奶获取钙的压力。这也导致，中国（汉族）传统食谱中几乎没有乳制品。喜欢食用豆制品，不仅仅是中国、韩国、日本等东亚国家人民源于历史和条件的选择，也是由这里人种内在特质的适应性所决定的。

水与面食文化

馍，在以前较为贫困的内地，算是扎扎实实的主食了，吃了顶饥有劲儿。馍在气候

豆浆是汉族传统饮品，营养丰富且于消化吸收、在欧美享有「植物奶」的美誉

寒冷又干燥的北方流行甚广，也便于储存和携带。

● 牛羊肉泡馍

牛羊肉泡馍，由古代牛羊羹演变而成。西周时曾将牛羊肉羹列为国王、诸侯的礼馔。《战国策》中记载，中山国君由于一杯羊羹而激怒了司马子期，后者怒而走楚，说服楚王讨伐中山，导致中山亡国。据《宋书》记载：南北朝时，毛修之因向宋武帝献出羊羹，味美，竟被封为太官史，后升尚书光禄大夫。到了隋朝，出现了"细供没忽羊羹"（谢讽《食经》）。此当为最初牛羊肉羹和面食混作的烹调形式。据文献记载，唐代宫廷御膳和市肆都擅长制羹汤。宋代苏轼有"陇馈有熊腊，秦烹唯羊羹"的诗句。"三千万秦人齐吼秦腔，一碗羊肉泡喜气洋洋"，则是对陕西人的生动写照。

羊肉泡馍的美味要素莫过于那浓而素莫过于
羊汤

唐肃宗至德二年（757年），唐朝军队与借来的外援"大食"军队一起收复长安。"大食"兵行军打仗时常携带一种类似"馕"的食品，叫"饦尔木"，其变干变硬后难以下咽，就拌以羊肉和羊肉汤食用，这是"泡馍"的雏形。后来，"饦尔木"的制作方法传播到市井，就形成了西安穆斯林群众喜爱的"饦饦馍"。泡馍按烹调方法分为"干泡"（无汤）、"口汤"（食后余一口汤）、"水围城"（汤较多）和"单走儿"（吃馍喝汤）四种。餐前先将"馍"掰成黄豆般碎块，交厨师烹煮。食时选定方位，讲究蚕食，切忌搅动，以保持鲜味和原气。

还有一种说法是，羊肉泡馍与宋朝开国皇帝赵匡胤有关。相传，五代末年，赵匡胤在长安街头流浪，饥饿难耐，向一家烧饼铺讨吃。店主看他可怜，就给了他两个剩烧饼。可根本咬不动。这时，他闻到了一股肉香，原来不远处有家肉铺在煮羊肉。赵匡胤又向店家讨了一碗羊肉汤，再把干硬的烧饼掰成小块泡进汤里。没想到，肉汤泡软了烧饼，烧饼吸入了肉汤的香气，一碗"汤泡馍"吃得赵匡胤浑身发热，饥寒全无，精神大振。

赵匡胤画像
传说这位宋
朝开国皇帝
促成了羊肉
泡馍的问世

当上皇帝后，赵匡胤每日山珍海味，嘴里没了滋味。一次巡察行至长安，他下了御辇直奔肉铺。赵匡胤让店主马上做一碗"羊肉泡馍"。街上的烧饼铺已经关门，店家只得让妻子烙了几个饼，害怕皇帝嫌死面饼不好吃，便把饼子掰得碎碎的，浇上羊肉汤煮了煮，再放上大片羊肉，又在汤内放入菠菜、粉丝，撒上葱花，最后又淋上几滴鲜红的辣椒油。赵匡胤一尝，立刻找到当年的感觉。大快朵颐后，他全身舒畅，当即赏赐了店

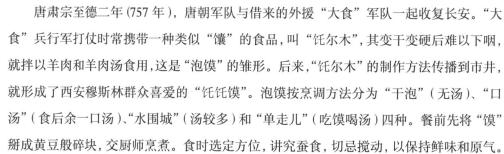

家。一夜之间，皇帝来吃羊肉泡馍的事就在长安城里传开了，越来越多的人慕名来尝美味，店家索性把肉铺改成羊肉泡馍馆。吃的人多了，馍也掰不及了，于是谁吃谁就自己掰，反倒生出许多情趣。

1936 年，杨虎城将军在西安请蒋介石吃牛羊肉泡馍。1947 年，国民党官员竞选国大代表时，曾用牛羊肉泡馍拉选票。当时报纸标题写有："君欲竞选国大代，请客先吃羊肉泡。"尼泊尔前国王马亨德拉、越南胡志明主席到西安访问时，都曾来吃过，英国蒙哥马利元帅品尝后称"我今天又一次享受了中国的饮食文明"。

煮馍讲究以馍定汤，调料恰当，武火急煮，适时装碗，以达到原汤入馍，馍香扑鼻的要求。西安最负盛名的两家泡馍馆是老孙家和同盛祥，还都曾被名人题词"天下第一碗"。一个城市，两个"天下第一碗"。谁更第一？这可既是两家的招牌，也是有趣的话题了。

● 三鲜煮馍

三鲜煮馍，则是陕西著名的汉族小吃，汤鲜味浓，馍筋肉香。其原料是丸子、发好的肉皮、细皮白肉片，加之上好的肉骨、鸡鸭肉炖好的白汁汤。食者将馍掰好后，经厨师用高汤、蒜苗、粉丝把馍煮好。

西安测绘路中段的丁字路口有家老店，名字叫做"玉顺楼"。它看上去很不起眼，门口的红底招牌上书四个简单的大字——三鲜煮馍，面相简陋。进到里面，却是别有洞天，食客满座。老店主营的三鲜煮馍，汤鲜馍糯，菜多料足，热气腾腾，滋味醇厚。来的都是熟客。生意不用发愁。店主忙得连门面都不装修。这样的本土实力小店，在西安城里据说有很多。

三鲜煮馍
以汤鲜味
浓取胜

● 疙瘩汤

说起疙瘩汤，20 世纪六七十年代以前出生在北方的人可能印象最深了。那时，很多人家为了省事和节约，晚餐常常喝这道既算汤菜又算主食的疙瘩汤。面粉中含有大量的维生素 B 族，在酸性环境中，维生素 B 族是比较稳定的，但加碱做面食时，这种稳定性会受到破坏。煮面条时，大量的营养素会流失到面汤中，煮饺子时，也会使部分营养素

疙瘩汤很好
地保存了面
粉中的维生
素 B 族等
营养素

流失，而疙瘩汤可以使面粉中的多种营养素保存在汤中，很好地避免面食中营养的损失。

说起疙瘩汤的来历，相传，一位老妇人去看望远嫁他乡的女儿，正是中午饭时。女儿却犯了难，按说该做点儿好吃的孝敬母亲，可是母亲来得突然走得匆忙，吃了饭就要往回赶路，一是来不及准备，二来婆家的日子也过得紧巴，做点儿啥好呢？女儿灵机一动，有了办法。她把家里仅有的一点儿白面盛到碗里，加入丁点儿的水，用筷子搅拌成小碎疙瘩糊进锅里，又搜寻一些土豆、萝卜、鸡蛋、大葱、香菜等放入锅内，煮熟后烹了一勺油花，加入盐等佐料，做成一锅不稠不稀香喷喷的汤饭，小心翼翼地端给娘亲吃。母亲尝后赞不绝口，问女儿这叫啥饭，女儿说是来婆家后学会的饭，名叫"疙瘩汤"。从此，这种经济快捷而又方便的美食就传遍了千家万户。

● 兰州牛肉拉面

兰州牛肉拉面，又称兰州清汤牛肉面，是兰州著名风味小吃。传说起源于唐代，它以"汤镜者清，肉烂者香，面细者精"的独特风味和"一清二白三红四绿五黄"（即汤清、萝卜白、辣椒油红、香菜和蒜苗绿、面条黄亮），赢得了国内乃至全世界顾客的好评。

关于兰州牛肉拉面的来历，有多种说法。公认的说法是回族人马保子于1915年始创的。当时马保子家境贫寒，为生活所迫，在家里制成热锅牛肉面，肩挑着在城里沿街叫卖。后来，他又把煮过牛、羊肝的汤兑入牛肉面，其香扑鼻，当时称为"热锅子面"。再后来，马保子开了自己的店，不再沿街叫卖了，他就想着推出免费的"进店一碗汤"，以诚待客。在20世纪40年代的兰州酒泉路马保子热锅子面馆，一个大胡子官员常常光顾这里。他告诉店主，热锅子面名字不中听，看这面汤清肉烂，看着美吃着香，不如叫"清汤牛肉面"。这位大胡子官员就是于右任先生，经他四处宣扬后，兰州牛肉拉面就声名鹊起了。

还有一种说法，认为兰州牛肉拉面来自河南怀庆府。清朝嘉庆四年（1799年），东乡族马六七跟从河南省怀庆府清化镇苏寨村的陈维精，学习"小车牛肉老汤面"制作工艺。"小车牛肉面老汤面"起源于唐代。煮牛肉时放凉已经成了肉冻的胶体状物，也就是老汤，是小车牛肉里最入味儿的，鲜美无比，此汤乃是做牛肉面的上品。后来才带回兰州。

● 河南烩面

河南烩面，是河南最大众化，也是最具知名度的本土小吃。在 20 世纪 80 年代迅速红火起来，现在俨然是河南面食文化的代言者。其汤，浓酽醇厚；面条，鲜香有韧劲；羊肉，鲜嫩酥烂。最关键的是熬汤，选用上好的羊肉同羊骨架加上各种香料文火长年熬制，汤白肉烂。

相传，唐太宗李世民战乱时曾经患寒病，落难于一回民农院。回民母子心地善良，将家养的麋鹿屠宰炖汤，又和面想做面条，但敌方追兵迫近，情形紧急，老妇人草草将面团拉扯后直接下入汤锅，煮熟后端给李世民。李世民吃得满身冒汗、暖流涌身，不觉精神大振，寒疾痊愈，于是策马谢别。李世民即位后，想起吃过的回民母子做的面，想到他们的救命之恩，便派人寻访，终于找到了那对母子。太宗又命御厨向老人拜师学艺。从此，唐宫廷御膳谱上就多了这救命之面——麒麟面。后来，因为麒麟极其稀少，只得取山羊代替之，麒麟面也改称山羊烩面。

河南烩面讲究汤浓酽面劲道，有滋补祛寒的功效

清代八国联军打入北京城，慈禧太后逃往山西避难，仍牢记烩面补身祛寒，多次差总管李莲英诏贡山羊做烩面食用，及时解除了寒疾病险。直到清末，满汉全席宗师御厨庞恩福因不甘宫廷御膳房苛律束缚，逃出皇宫隐居河南后，烩面才传艺民间。

还有一种说法是，烩面是飞机轰炸出来的美食。相传，抗战时期，日军飞机经常空袭郑州，当时有一位名厨叫赵荣光，特别喜欢吃面食，但飞机来了，赵师傅就外出躲避飞机轰炸，回家后，他把剩下的面条加点羊肉汤烩烩再吃。久而久之，赵师傅发现重新烩过的面也很好吃，就潜心研究，在里面放些盐、碱，使之更筋道，做出的面别有一番风味。

还有说法，河南烩面是从西安泡馍中演变过来的。在河南本地，郑州的"合记""萧记""闪记"烩面都很出名；新乡以"原阳烩面"最出名。

烩面是一种集荤、素、汤、菜、饭于一碗的传统风味小吃。这种经济实惠、菜饭一体的小吃其实体现着农耕文化的节俭、效率和实用。

豫菜特别讲究品汤。其吊汤技术闻名于餐饮界。这种风格也是与河南干旱、寒冷的

气候相适应的。烩面，也是这种技术传统与对面食偏爱的口味相结合的产物。

● 山西刀削面

山西是面食之乡，面食种类繁多，其中以刀削面最为有名，可谓"面食之王"，它有内虚外筋、柔软光滑、易于消化等特点，入口外滑内筋，软而不黏，越嚼越香，深受喜食面食者欢迎。

关于刀削面还有一个古老的传说。蒙古侵占中原后，建立元朝，为防止汉人造反起义，他们将家家户户的金属全部没收，并规定10户用厨刀一把，切菜做饭轮流使用，用后再交回蒙古人保管。一天中午，一位老婆婆和好面后，让老汉去取刀，结果刀被别人取走。老汉的脚被一块薄铁皮碰了一下，他顺手捡起来揣在怀里。回家后，锅开得直响，全家人等刀切面条吃。老汉忽然想起怀里的铁皮，就掏出来说：用这个铁皮切！老婆婆嘟囔道："这样软，咋能切面条？"老汉气愤地说："切不动就砍。""砍"字提醒了老婆，她把面团放在一块木板上，左手端起，右手持铁片，站在开水锅边"砍"面，一片片面叶片般落入锅内，煮熟后捞到碗里，浇上卤汁让老汉先吃，老汉边吃边说："好得很，好得很，以后不用再去取厨刀切面了。"这样一传十，十传百，就传遍了晋中大地。

● 浆水鱼鱼

浆水鱼鱼是一道著名的陕西汉族传统小吃。浆水鱼鱼的形状，其实并不像鱼，倒酷似蝌蚪，陕西土话称之"蛤蟆骨斗"，其意就是小蝌蚪的意思。浆水鱼鱼一般有两种：玉米面的和一般淀粉的，可热吃也可放凉吃，味道十分鲜美。凉拌浆水鱼鱼味道酸辣爽口，是夏季提升食欲的佳品。关中也叫"滴溜"，广元叫"酸菜面鱼子"，北京的莜面馆用燕麦面粉做"面鱼"。

浆水鱼鱼的做法是，凉水加白矾将面粉搓成硬团，后以凉水和成粉糊，使其有韧性。锅水开沸，粉糊徐徐倒入，搅拌，粉糊熟透，压火，以木勺着底再搅，锅离火，取漏勺，盛之下漏凉水盆内，"鱼"就做成了。还可用玉米面制作搅团。玉米面烧熟后黏成一团，可热吃也可放凉吃。热吃时夹成一块一块放在预先调制好的浆水汤里，经过浆水汤的浸泡，玉米面团味道清爽适口，十分好吃。

● 鲤鱼穿沙

鲤鱼穿沙——很艺术化的食物名字吧？其实，它就是把剩面条放在小米粥里煮炖而成。它甜咸适宜，软硬适中，生病的时候吃最开胃了。这种儿时记忆中妈妈给做的美食，其实是外婆给妈妈小时候的特别滋养品。这简单可口的家常饭菜，包含的却是亲人暖暖的爱意和关怀。代代相传，平凡温馨。

● 龙须面

龙须面是著名的汉族面食，流行于北方广大地区，其形状又细又长，形似龙须。农历二月二龙抬头，有吃龙须面之俗。这天，北方农村家家都要做饼，称作"龙鳞饼"，说龙有了鳞就不会受冻；还要做面条，称"龙须面"，为的是使龙在新的一年里更健壮有力；再就是煮猪头，家家院子里都弥漫着肉香，以等待龙的醒来；人们很早就到河边去挑水，一路上还撒谷糠或灶灰，一直到院落里。引龙敬龙，为的是求得一年风调雨顺、五谷丰登。有句谚语说："二月二，龙抬头，大囤满，小囤流。"家家院落里还要"画仓子"，人们手里拿个小盒儿，里边装满灶灰，然后一把一把地在院中撒画，先画出尖尖的仓顶，再画鼓鼓的仓肚，最后画仓门，门是很小的，像个宝葫芦。然后抓些五谷杂粮放在仓子里，上面还要压个小石头，以防鸡、鸟来食。

龙须面面细如发丝，犹如交织在一起的龙须

人们在庆贺龙抬头的时候，又有抑制害虫的习俗。这天，家家都要煎年糕，把年糕放在铛子里煎来煎去，并多次翻转，这寓意着煎死害虫。

● 燃面

燃面是四川省宜宾地区最具特色的汉族传统名小吃之一，原名叙府燃面，旧称油条面。之所以称之为燃面，是因为用火点面，这面就会如火绳一般烈烈地燃烧起来。宜宾燃面的特点是松散红亮，香味扑鼻，辣麻相间，油重无水，味美爽口。既可佐酒，又可果腹。吃燃面也少不了燃面"伴侣"——特制的汤。这碗汤由猪油、紫菜和豆芽组成，撒上细盐和胡椒等调料，味道鲜美，吃面前喝上几口，打开食欲，吃完面后，再喝上几口，鲜汤化食。加点醋，就更开胃、更消食了。

吃燃面少不了一碗鲜美的汤

面如其人。四川人是热情火辣的，当然配得上这火爆刺激的燃面。其实，它与火锅风格一样，在气候炎热、湿度很大的四川盆地，离开了这些火爆刺激、能让人出汗开胃的食物，还真不行！

● 浆面条

绿豆酸浆赋
子浆面条独
特风味

浆面条是用绿豆浆发酵制作面浆而成的汤面条，也叫酸面条，起源于河南省新安县。相传在明正德年间，新安县一个姓史的人开了家饭店，生意兴隆。有一年小麦歉收、豌豆丰收，饭店天天卖豌豆面饭，一时生意萧条。一天，京城一位钦差大臣带随从路过此店吃饭，店主因无上等米菜下锅急得团团转。当他看到盆里磨碎的豌豆和桌上的面条时，急中生智，用椒叶、藿香等当佐料，用豌豆浆作汤下入面条，做了一锅豌豆浆面条，酸香生津，风味别致。钦差大臣吃后十分满意，此民间小吃便很快流传开来。

其实在很多地方，酸浆是制作绿豆淀粉后的副产品，并无别的用途。勤俭持家的百姓却把它变成了一道风味美食。

● 饸饹（héle）面

饸饹是中国北方最常见的一种面食，传统的做法是用一种木头做的"床子"，架在锅台上，把和好的面（饸饹常用荞麦面）塞入饸饹床子带眼儿的空腔里，人坐在饸饹床子的木柄上使劲压，将面直接压入烧沸的锅内，点水两次，煮熟后捞出来，浇上事先做好的臊子，就可以吃了。饸饹在中西部广为流传。

饸饹面

水与汤文化

中国的汤文化不仅种类繁多，即便是同一品种，在不同地方也会风味独特，绝少雷同。

● 羊肉汤

山东单县羊肉汤已有数千年历史。原始社会末期，舜的老师单卷（亦写作善卷、亶卷）及其部落就生活在单县一带，他们过着半耕半渔半牧的生活，当时饲养的家畜主要是青山羊，吃法由烧烤演变为以吃肉喝汤为主。1807 年，单县徐桂立等三人首先开设了"三义和"羊肉汤馆。1935 年春，正宗传人周永歧、窦宝德和吕运法共同出资，开设羊肉汤馆，并效仿"桃园三结义"，请当地文化名人陈布经在长三尺、宽六寸的花梨木牌匾上题写了"三义春"三个隶书大字。当时所经营的汤种有天花（羊脑）汤、口条汤、三孔桥汤、马蜂窝汤等共72个品种。

全羊汤是沂蒙名吃。莒县人讲究"东方日出先喝汤"的养生之道，而且据说头锅的汤是最好喝的。并且决不在中午、晚上喝（当地人文绉绉地称之为"运行"）。进馆喝汤，"文喝"或"武喝"，喝多喝少，各自随意，完全开放。但必须自己动手，羊汤、佐料等都是自己拿着碗去盛的，如果不够，还可以续添；喝羊汤时所搭配的饼，也是依据个人的饭量各取所需，自己掰了泡在汤里吃，完全是自助，店主只是负责随时往锅中添加鲜羊肉。

山东莱芜金家老店羊汤的来源还具有神话色彩。相传在乾隆末年，其创始人金茂胜经营了多年羊汤生意，却依然未解腥膻之气的难题。一日，老人出城，十几里山路走来，觉得疲惫，便在路旁一板状顽石上半倚半卧，不知不觉进入梦境。梦中遇一白发道人笑曰："水之精为玉，土之精为羊，羊乃吉祥之物，毛可织衣，皮可御寒，肉味鲜美，今念尔意诚，特赐予《烹羊天书秘方》一份，如方炮制，则其味愈加香浓，腥膻之气皆除也……"。老人梦醒，不敢怠慢，即速回家。按"天书秘方"精心配料，煮熬羊汤，果然汤汁清逸，香倾四邻，沁人心脾。闻者馋涎欲滴，食者赞不绝口，生意日渐红火。

滋补美味羊肉汤

山西"郭氏羊汤"系晋东南地区传统名吃壶关羊汤中的代表，有"一碗汤中有全羊"之说。即一碗汤中有三五个羊肉丸子、七八个羊肉饺子、炖肉、血条、脂油与头、蹄、口条及胃、肠、心、肝、肺、腰等内脏切成的条条块块，除羊的皮毛之外，应有尽有，连羊骨髓也熬在老汤中，有大补元气之功效。

徐州的羊肉汤绝不放粉丝、白菜之类，是真正的羊肉汤。桌子上有醋。醋在羊肉汤馆叫"忌讳"，喝羊肉汤要大大地放下"忌讳"，一口下去，酸、辣、膻俱陈，香溢满口。

辽宁本溪小市羊汤驰名东北，伏天里暴喝一顿羊汤，为的是以热驱热，类似于以毒攻毒。

羊肉冲汤是河南部分地区对羊肉汤的另一种叫法，其做法是用笊篱或漏勺装满切好的熟羊肉或羊杂，另一只手掌汤勺不断地在热气翻滚的浓汤锅里舀热汤冲羊肉或羊杂，

图说水与衣食住行

胡辣汤诞生于渡口，是古时渡口往来者驱寒提神的佳品

方便快捷的胡辣汤仍是现代都市人青睐的快餐食品

至羊肉或羊杂变色、浮油被冲去，便盛入碗中，并加入浓汤，泡上登封烧饼。许昌丈地羊肉汤需先将鲜肉冷冻一番，切大薄片，加盐、嫩肉粉腌制，锅上大火加精炼五香牛羊油，爆炒羊肉片，再加骨汤、调料煮制。未成，便香气四溢，牛羊油的膻香、骨汤的醇香、肉片的鲜香，全钻进鼻子。

● 胡辣汤

油饼包子油条加上酸辣胡辣汤，是一道典型河南风味的早餐。它源于清代中叶，大兴于民国初年，之后花样不断翻新。胡辣汤味道辛辣、浓烈、醇厚、刺激。它是先将红薯粉条和切碎的肉放入铁锅里炖，同时加入花生仁、芋头、山药、金针、木耳、干姜、桂仔、面筋泡等，待八成熟后勾入适量精粉并搅拌，然后兑入配好的调料及花椒、胡椒、茴香、精盐和酱油，加食糖少许，一锅色香味俱佳的胡辣汤就做成了。

胡辣汤最知名的诞生地都是渡口，例如河南西华的逍遥镇和舞阳的北舞渡。有学者认为，胡辣汤是渡口文化的一个组成部分。渡口，行人匆匆，人来车往，熙熙攘攘，商机多多。但是流动性强，很难做来得慢的大生意。真要是开个大酒楼，会有多少游客商贾能坐下来，细斟慢用呢？倒是这事先就加工好的胡辣汤，汤稠味浓，随时热乎，人手一碗，来得方便。在大风凛冽、寒气逼人的渡口，还有什么食物能比这刺激又顶饥的胡辣汤更提神、更御寒的呢？这就是渡口文化派生出来的、别具地方风格的快餐食品。

至于逍遥镇胡辣汤的由来，也有说道。在明朝嘉靖年间，阁老严嵩为了讨皇帝欢心，从一个道士手中得到一剂助寿延年的调味药献给皇帝，以烧汤饮之。该汤美味无穷，龙颜大喜，命名为"御汤"。明朝亡后，御厨赵纪携带此药逃至逍遥（今西华县逍遥镇），受逍遥胡氏收留厚待之恩，遂将此方传授于胡氏。因此汤香辣味美，并为胡氏所经营，后慢慢被当地老百姓传称为"胡辣汤"。

更古老的传说可追溯到宋徽宗年间。宫中一名赵姓御厨，以少林寺"醒酒汤"和武当山"消食茶"二方为基础，做出了一种色香味俱佳的汤，既消减了茶之苦味，又去掉了汤之辣味，且能醒酒提神，开胃健脾。徽宗品尝后龙颜大悦，问之何汤，御厨答"延年益寿汤"。靖康之乱时，金兵攻破宋都开封，赵御厨落魄于西华逍遥镇，"延年益寿汤"也随之落户于此。

汤菜名吃——佛跳墙

佛跳墙，又名"满坛香""福寿全"，是福州的首席名菜，属闽菜系。

"佛跳墙"以 18 种主料、12 种辅料互为融合，几乎囊括人间美食，如鸡鸭肉、羊肘、猪肚、蹄尖、蹄筋、火腿、鸡鸭肫；如鱼唇、鱼翅、海参、鲍鱼、干贝、鱼高肚；如鸽蛋、香菇、笋尖、竹蛏等。30 多种原料及辅料分别加工调制后，分层装进坛中。佛跳墙之煨器，多年来一直选用绍兴酒坛，坛中有绍兴名酒与料调和。煨佛跳墙讲究储香保味，料装坛后先用荷叶密封坛口，然后加盖。煨佛跳墙

佛跳墙煨几十种食材于一坛，味道美妙，营养极高，是进补佳品

之火种乃严格质纯无烟的炭火，旺火烧沸后用微火煨五六个小时而成。在煨成开坛之时，只需略略掀开荷叶，便有酒香扑鼻，直入心脾。盛出来汤浓色褐，却厚而不腻。食时酒香与各种香气混合，香飘四座，烂而不腐，口味无穷。

关于"佛跳墙"名的由来，在福州民间有好几种传说。

其一，清朝同治末年（1876 年），福州官钱庄一位官员设家宴请福建布政司周莲，他的绍兴籍夫人亲自下厨做了一道菜，名叫"福寿全"，内有鸡、鸭、肉和几种海产，一并放在盛绍兴酒的酒坛内煨制而成。周莲命衙厨郑春发仿制。郑春发多用海鲜，少用肉类，使菜越发荤香可口。以后郑春发经营聚春园菜馆，"福寿全"成了主打菜。因福州话"福寿全"与"佛跳墙"的发音相似，久而久之，"佛跳墙"便名扬四海了。

其二，按照福建风俗，新媳妇出嫁后的第三天，要亲自下厨，侍奉公婆。传说一位富家女，不习厨事，出嫁前愁苦不已。她母亲把山珍海味做成各式菜肴，一一用荷叶包好，告诉她如何烹煮。谁知这位小姐竟把烧制方法忘光，情急之间就把所有的菜一股脑儿倒进一个绍酒坛子里，盖上荷叶，撂在灶头。第二天浓香飘出，全家上下均称好菜，这就是"十八个菜一锅煮"的"佛跳墙"的来头了。

其三，一群乞丐每天提着陶钵瓦罐四处讨饭，把讨来的各种残羹剩菜倒在一起烧煮，热气腾腾，香味四溢。和尚闻了，禁不住香味引诱，跳墙而出，大快朵颐。

其四，与其一类似。衙厨郑春发开设"聚春园"菜馆后，继续研究，广受称赞。几名秀才来馆饮酒品菜，闻香陶醉。有人问此菜何名，堂倌答"尚未起名"。秀才即席吟诗作赋，其中有诗句云："坛启荤香飘四邻，佛闻弃禅跳墙来"。众人应声叫绝。引用诗句之意，"佛跳墙"便成了此菜的正名。

水与地方小吃

地方小吃种类繁多。但其中不少也与水有关联，或者直接表现在食物的形态上，或者与地形特征、交通条件、风物特产有关系、有的索性就是带有浓厚水因素的典故或传说。

● 水煎包

水煎包，北方多见。但以山东利津县乔庄镇（蔡寨村）最为著名，距今已有500多年的历史。利津是万里黄河入海的地方，明清时期，这里是海河陆路的交汇中枢和著名商埠。交通口岸，宾客纷至沓来，美食兴隆，声名远扬。水煎包在烹制过程中融煮、蒸、煎于一体。刚出锅的水煎包，因兼得水煮、汽蒸、油煎之妙，色泽金黄，一面焦脆，三面软嫩，脆而不硬，香而不腻，味道鲜美至极，食者皆赞不绝口。

● 道口烧鸡

道口烧鸡是河南省安阳市滑县道口镇"义兴张"世家烧鸡店所创制，是我国著名的特产。道口烧鸡由张炳始创于清朝顺治十八年（1661年），至今已有350多年的历史，开始制作不得法，生意并不兴隆，后从清宫御膳房的御厨那里求得制作烧鸡秘方，做出

水煎包

道口烧鸡

的鸡果然香美。此后，道口烧鸡的制作技艺历代相传，形成自己的独特风格。道口烧鸡与北京烤鸭、金华火腿齐名，被誉为"天下第一鸡"。清嘉庆年间，嘉庆皇帝巡路过道口，忽闻奇香而振奋，问左右人："何物发出此香？"左右答道："烧鸡。"随从将烧鸡献上，嘉庆尝后大喜道："色、香、味三绝。"

道口在近代是交通要道，卫运河直通天津，河南第一条铁路道口——博爱清华铁路横亘东西，东西南北的水陆联运使这里成为豫北经济重镇，繁荣的经济为道口烧鸡的经营插上了翅膀。后来，受此名品的影响，河南和北方许多地方都开始仿制烧鸡。

● 胡卜

胡卜，是山西省运城市樊村镇的传统小吃。其制作方法是，把烙熟的白面薄饼切成丝条，加鲜羊肉汤煮成，再加香油、葱花、红辣椒面等调料，味道清爽，油而不腻，滋补身体，为当地百姓的名品小吃。与运城毗邻的陕西韩城、河南三门峡市亦有胡卜，只是各地做法略有不同。

胡卜

● 老鸭汤

由于夏季气候炎热而又多雨，暑热夹湿，常使人脾胃受困，食欲不振。因此需要用饮食来调补，增加营养物质的摄入，达到祛暑消疲的目的。营养物质应以清淡、滋阴食品为主，即"清补"。老鸭不仅营养丰富，而且因其常年在水中生活，性偏凉，有滋五脏之阳、清虚劳之热、补血行水、养胃生津的功效。《名医别录》中称鸭肉为"妙药"和滋补上品。民间亦有"大暑老鸭胜补药"的说法。老鸭炖食时可加入莲藕、冬瓜等蔬菜煲汤食用，既可荤素搭配起到营养互补的效果，又能补虚损、消暑滋阳，实为夏日滋补佳品。如加配芡实、薏苡仁同炖汤则滋阳效果更佳，且能健脾化湿、增进食欲。

据说，鸭血粉丝汤最早是镇江落第秀才梅茗所创，其所创的鸭血粉丝汤曾经被晚清《申报》第一任主编蒋芷湘题诗称赞"镇江梅翁善饮食，紫砂万两煮银丝。玉带千条绕翠落，汤白中秋月见嫦。布衣书生饕餮客，浮生为食不为诗。欲赞茗翁神仙手，春江水暖鸭鲜知。"还有说法，鸭血粉丝汤是镇江朝阳楼大兴池浴池附近一家小吃摊在 1988 年的时候发明的，当时用的是鹅血而不是鸭血，叫鸭血是因为叫的顺口，所以现在镇江的

大暑老鸭胜补药

鸭血粉丝汤多是鹅血。

● 碗仔翅

这是一款常见于香港街头的仿鱼翅汤羹，其材料以粉丝为主，以淀粉将汤煮至浓稠，并加入老抽和生抽弄成棕色，佐以麻油、浙醋、白胡椒粉、辣椒油等。碗仔翅本身没有鱼翅成分，但其外观与高汤鱼翅相近，并以小碗盛载，因而叫做"碗仔翅"。从 20 世纪 60 年代起，香港街头涌现一批小贩专门出售这类平民仿翅，同时兼售生菜鲮鱼肉汤，后者以鱼肉混入淀粉打成鱼肉浆，再以类似刀削面的手法削进汤里煮成长条状的鱼肉条，不少人买碗仔翅时，喜欢加鱼肉同吃。90 年代后，碗仔翅亦在香港一些酒楼出售。除了肉丝分量增加，亦会加入香菇丝、蛋花，或者金华火腿、猪皮、鱼肚。鱼肉蛋白质含量较高，且易被人体吸收利用，有增强体力、强壮身体的作用，含有对人体生长发育有重要作用的磷脂类，是中国人膳食结构中脂肪和磷脂的重要来源之一。

● 贡丸

这似乎是进献给皇帝的贡品。其实，根据台湾贡丸世家的人考据：贡丸原名是"扛（闽南音'gong'）丸"。闽南话中的"贡"通"扛"，意思是捶打，捶打曰"贡"，圆球形曰"丸"。贡丸的质地富弹性，香脆可口，深受消费者喜爱。又因为它很有弹性，所以又叫做跳丸。

相传古代泉州市石狮县有一孝子，为了给母亲做出鲜美的汤，到处找材料。在一次沉思的时候，无意间拿着木槌一直捶打着一块猪腿肉，当他把捶打过的猪肉放入汤中煮出后，发现味道无比鲜美，再多次实践后便创造出贡丸的做法。泉州很多特色小吃都是打成泥的，比如鱼肉羹、鱼丸、牛肉羹、萝卜糕等，都是当地家家户户会做的传统菜。

● 炒肝

作为北京传统早点的重要组成部分，炒肝已经问世百余年了。它是由开业于清代同治元年（1862 年）的"会仙居"发明的，即在原来售卖的"白汤杂碎"基础上，去掉心和肺并且勾了芡，从而形成流传至今的炒肝。1930 年，另一家炒肝老店天兴居在会仙居对面开业，因为选料更精，并采用了味精、酱油等当时的新式调料代替原来的口蘑汤等，生意逐渐盖过了会仙居。1956年两店合并，就只留下天兴居的招牌了。

● 涮羊肉

涮羊肉，是北京的地方名吃，传说起源于元代。当年元世祖忽必烈统帅大军南下远征，一日，人困马乏饥肠辘辘，他想起家乡的清炖羊肉，就吩咐部下杀羊烧火。正当伙夫宰羊割肉时，探马飞奔进帐报告敌军逼近。饥饿难忍的忽必烈一面下令部队开拔，一面大喊："羊肉！羊肉！"厨师知道他性情暴躁，急中生智，飞刀切下十多片薄肉，放在沸水里搅拌几下，待肉色一变，马上捞入碗中，撒下细盐。忽必烈连吃几碗，精神大振，翻身上马、率军迎敌，结果旗开得胜。

北京名吃涮羊肉

筹办庆功酒宴时，忽必烈特别点了那道羊肉片。厨师选了绵羊嫩肉，切成薄片，再配上各种佐料，将帅们吃后赞不绝口。厨师忙迎上前说："此菜尚无名称，请帅爷赐名。"忽必烈笑答："我看就叫'涮羊肉'吧！"从此"涮羊肉"就成了宫廷佳肴。《旧都百话》云："羊肉锅子，为岁寒时最普通之美味，须与羊肉馆食之。此等吃法，乃北方游牧遗风加以研究进化，而成为特别风味。"

1854年，北京前门外正阳楼开业，是汉民馆出售涮羊肉的首创者。1914年，北京东来顺羊肉馆重金礼聘正阳楼的切肉师傅，专营涮羊肉。历经数十年，从羊肉的选择到切肉的技术，从调味品的配制到火锅的改良，东来顺都进行了研究和改进，因而名噪京城，赢得了"涮肉何处好，东来顺最佳"的美誉。

农作物的生产和成品加工

从靠天吃饭到发明工具来抵御自然灾害的侵扰和破坏，从手工把作物脱壳到利用机械装置来批量加工，这是人类的进步史。这些工具和装置的发明与使用，不仅体现着人类的聪明才智，也是技术史和社会史上的里程碑。古人发明了很多与水有关的工具和装置，如浇灌用的水车、舂米用的水碓、粉碎谷物用的水磨等。它们的普遍使用明显地提高了工作效率，改变了人类的生产和生活条件。

首先是农事生产的工具。

● 水车

水车又称孔明车、天车，相传为汉灵帝时毕岚造出雏形，经三国时孔明改造完善后在蜀国推广使用，隋唐时广泛用于农业灌溉，至今已有 1700 余年历史。

水车建在水流湍急的地方，利用上游的水流推动水车运动。车高 10 米至 20 多米，由一根长 5 米、口径 0.5 米的车轴支撑着 24 根木辐条，呈放射状向四周展开。每根辐条的顶端都带着一个刮板和水斗。刮板刮水，水斗装水。河水冲来，借着水势的运动惯性缓缓转动着辐条，一个个水斗装满了河水被逐级提升上去。临顶，水斗又自然倾斜，将水注入高出的渡槽。提水高度可达 15 米至 18 米。一般大水车可灌溉农田六七百亩，小的也可灌溉一二百亩。水车省工、省力、省资金，在古代算是最先进的灌溉工具了。

● 水磨

晋代，我国发明了用水作动力的水磨。水磨的发展与杜诗发明水排有关。水磨的动力部分是一个卧式水轮，在轮的主轴上安装磨的上扇，流水冲动水轮带动磨转动。磨盘多用坚硬的石块制作，上下磨盘上刻有相反的螺旋纹，通过下磨盘的转动，达到粉碎谷物的目的。

马钧大约在公元 227—239 年间创造一个由水轮转动的大型歌舞木偶机械，包括以此水轮带动舂、磨。在马钧之后，杜预造连机碓，其中也可能包括水磨。祖冲之在南齐明帝建武年间（494—498 年）于建康城（今南京）乐游苑造水碓磨，这显然是以水轮同时驱动碓与磨的机械。几乎与祖冲之同时，崔亮在雍州"造水碾磨数十区，其利十倍，国用便之"。宋叶适在《财总论二》中记载："坊场、河渡免引，茶场、水磨之额，止以给吏禄而已。"吴伯箫则在《北极星·难老泉》中提到："这道泉水……除了供应居民食用，可以灌溉三万亩农田，开动一百盘水磨。"

水磨出现后，利用自然源源不断的水资源作为动力，

极大地提高了制粉工艺的精细度。加工后的粮食粉末细腻、均匀、口感舒适。比如用水磨加工而成的糯米粉，其品质就很高，并直接推动了汤圆、糕团、米饼、糍粑等食物的创新和品质提升。而机械化生产可以保证产量和供给，又促进了高品质食物的传播和普及。

糯米磨成的粉，称为江米粉，是制作汤圆、元宵的主要原料。水磨糯米粉以柔软、韧滑、香糯而著称。糯米含有蛋白质、脂肪、糖类、钙、磷、铁、维生素 B1、维生索 B2、烟酸及淀粉等，营养丰富，为温补强壮食品。

● 水碓

水碓，是利用水力舂米的器械，又称机碓、水捣器、翻车碓、斗碓或鼓碓水碓。水碓的动力机械是一个大的立式水轮，轮上装有若干板叶，转轴上装有一些彼此错开的拨板，拨板用来拨动碓杆的梢，使碓头一起一落地进行舂米。古代水碓分为地碓和船碓，船碓到明代才有。

建水碓的位置多选择在河畔。还可根据水势大小设置多个水碓，设置两个以上的叫做连机碓，最常用是设置 4 个碓。《天工开物》中绘有一个水轮带动 4 个碓的图画。为防止所碓之物不受日晒雨淋，方便使用，各地的水碓都建有水碓房，建房资金多由村民集资。为避免拥挤，村民按一定的顺序轮流使用水碓，有的地方还收些租金作为维修之用。夏允彝的《小有天记》中云："自高注下，势愈奔激。居民以运轮舂，碓声如桔槔，数十边位，原田幽谷为震。"

我国在汉代就发明了水碓。《古今图书集成》中载："凡水碓，山国之人，居河滨者之所为也，攻稻之法，省人力十倍。"

浙东山区在唐代已有了使用滚筒式水碓记载。新中国成立前，余姚市大隐镇共有水碓 56 处。据当地老农介绍，20 世纪 60 年代中期，下磨村农民还在用水碓磨制蚊香木粉销往上海、宁波等地。

北京有个地名叫做水碓子，位于朝阳区西部。东起水碓子东里，西至水碓子西里，北始团结湖南路，南抵朝阳北路。据云，此地旧有水碓。而今，水碓早无踪影，而地名却保留了下来。

水碓多建于河畔、利用水力舂米

水产海味

中国的江河湖海中盛产鱼、虾等水产，人们很早就将其作为食物的来源之一，天然的出产和后天人工的选择和培育，再加上名人、雅士的鉴赏和推介，使得许多名品流传下来。

● 武昌鱼

武昌鱼，俗称团头鲂、缩项鳊，属名贵淡水鱼菜。13 根鱼刺的鱼叫鳊鱼，只有 13 根半鱼刺的鱼才是武昌鱼。鄂城（今鄂州市）古称武昌，其西南有个 60 万亩水面的梁子湖，这里是武昌鱼的原产地。

东吴甘露元年（265 年），末帝孙皓欲再度从建业（南京）迁都武昌，左丞相陆凯上疏劝阻，疏中引用了"宁饮建业水，不食武昌鱼"这两句"单谣"。北周庾信诗中写道："还思建业水，终忆武昌鱼"。唐代岑参称颂："秋来倍忆武昌鱼，梦魂只在巴陵道"。宋代苏轼吟咏："长江绕廓知鱼美，好竹连山觉笋香"。宋代范成大诗："却笑鲈江垂钓手，武昌鱼好便淹留"。元代马祖常留下诗句："携幼归来拜丘陵，南游莫忘武昌鱼"。清代的梁鼎芬因喜食武昌鱼，曾将其书房名为"食鱼斋"。

1958 年，毛泽东同志写有"才饮长沙水，又食武昌鱼"的诗句。武昌鱼更是声名鹊起，名扬五洲。大名鼎鼎、流传久远的武昌鱼，不仅是天下美食，更成了国政方略和时政方向的代言和象征！

● 太湖银鱼

太湖银鱼形如玉簪，细嫩透明，色泽如银，故名。太湖银鱼，历史悠久，据《太湖备考》记载，吴越春秋时期，太湖盛产银鱼。宋人有"春后银鱼霜下鲈"的名句，将银鱼与鲈鱼并列为鱼中珍品。清康熙年间，银鱼被列为贡品，与白虾、梅鲚并称"太湖三宝"。

银鱼体形细长而洁白如银，肉密无刺且滋味鲜美，素有"鱼类皇后"的誉称。银鱼，古称脍残鱼。唐朝皮日休"分明数得脍残鱼"和宋代司马光"银花脍鱼肥"的诗句，指的都是银鱼。曝晒制成的银鱼干，色、香、味、形经久不变。银鱼烹制成的银鱼炒蛋、干炸银鱼、银鱼煮汤、银鱼丸、银鱼春卷、银鱼馄饨等，都是别具风味的湖鲜美食。

武昌鱼因产于古武昌（今鄂州市）而得名，是名贵的淡水鱼。

太湖银鱼

● 中华鲟

中华鲟是一种大型的溯河洄游性鱼类，是世界现存鱼类中最原始的种类之一。鲟类最早出现于 2.3 亿年前的早三叠世，古鲟的化石出现在中生代白垩纪，距今约 1.4 亿年，堪称"水中活化石"。这种古老的脊椎动物，是鱼类的共同祖先——古棘鱼的后裔，和恐龙生活在同一时期。周代，中华鲟被称为王鲔鱼，古时又称大腊子。

中华鲟

中华鲟具有自己独有的生活习性，繁衍生息需要往返于长江、大海之间。每年夏秋，成群结队的中华鲟由长江口外的浅海域回游到长江，溯流搏击 3000 多公里，回到"故乡"金沙江一带产卵繁殖。产后，待幼鱼长大到 15 厘米左右，这些"游子"又携带儿女们，顺流而下，旅居海外。由于这种执著回归、寻根的习性，表现出惊人的耐饥、耐劳、识途和辨别方向的能力，所以人们称赞它的故土情怀和坚韧毅力，亲切地尊称它为"中华鲟"。

● 香鱼

香鱼，又名山溪虹、鱼桀鱼等。其鱼肉醇厚，肉质细嫩鲜美，并有滋补的药用价值，福建南部一带百姓把它作为产妇的营养品。它还能治疗痢疾病，是"瓯江八珍"之一，又被国际市场誉为"淡水鱼之王"。近 20 年来，由于受外界环境的影响而造成数量急剧减少，香鱼的数量已处于"易危"阶段。

香鱼

传说，香鱼原产于湖北兴山王昭君故乡。昭君出身贫寒，从来不涂脂抹粉，但身上会自然飘散出芳香。她到香溪去洗衣服，其中有条小鱼居然钻进她的裤筒里，不肯离去。王昭君捧起小鱼细看，十分漂亮，活泼可爱，就高兴地捧回家去了。

不巧，昭君母亲卧病在床，家庭贫寒，无食物滋补。昭君只好把小鱼烹煮了给母亲吃。母亲的病很快就好了。昭君还惦记着家乡乡亲们的贫困和辛苦，就挑了一个黄道吉日，把自己浴身后的水投进溪里。她边倒边唱："溪百里，生贵鱼，济贫穷，上宴席。"从此，香溪河就有了这种背脊上有香脂腔道、能芳香四溢的香鱼。

后来有人把香鱼从湖北放养到闽南。明朝郑成功率兵收复台湾岛，把香鱼带到台北市溪碧潭放养成功，台湾也盛产香鱼了。为了纪念郑成功，谓之为"国姓鱼"。台湾诗人连横赞道："春水初添新店溪，溪流停蓄绿玻璃，香鱼上钩刚三寸，斗酒双相去听鹧。"香鱼还远播于日本和朝鲜。海外侨胞亲切地把"香鱼"称为"乡鱼"。

茶与水

茶叶与咖啡、可可并称为世界三大饮料。在此之前，文古是用"荼"表示。稍后，《茶经》采用了"茶"字。

茶树为常绿灌木，适宜生长在北纬 40° 至南纬 30° 之间的地区。高品质的茶树对生长环境的要求较高，多生长在亚热带或热带地区，在年降水量 1500 毫米至 2500 毫米、温度 20℃ 至 25℃、海拔数十米至 2000 米的环境中生长最为旺盛。土壤则以表土深、质疏松、排水畅的砂土或砂质黏土为宜。茶树性喜潮湿，需要多而均匀的雨水。湿度太低，雨量偏少，都会影响茶叶的品质。如果年降水量超过 3000 毫米，而蒸发量不到 1/2 至 1/3，即湿度过大时，茶树易发生烟霉病、茶饼病等。

凡空气湿度较大或云雾量大的山地区域，多适合茶树生长。我国许多茶叶产区多沿江河而上，例如杭州西湖、武夷九曲、陕南紫阳的汉水、湖北宜昌的秭归溪、台湾文山的淡水河、新竹东头前溪等。

茶叶中的有机化学成分主要有茶多酚类、植物碱、蛋白质、氨基酸、维生素、果胶素、有机酸、脂多糖、糖类、酶类、色素等，无机矿物元素主要有钾、钙、镁、钴、铁、铝、钠、锌、铜、氮、磷、氟、碘、硒等。

我国是茶树的原产地。历史记载最早的茶是蒙顶山茶，始于西汉，距今已有 2000 年。史料中有"蒙山在雅州，凡蜀茶尽出此"的记载。公元前 53 年，僧人甘露普慧禅师吴理，在蒙顶山发现野生茶的药用功能，于是在蒙顶山五峰之间的一块土地上，移植种下 7 株茶树。吴理种植的 7 株茶树，被后人称作"仙茶"，而他是世界上种植驯化茶叶的第一人，被后人称为"茶祖"。他所创"天风十二品"茶艺用于祭祀女娲，后历经 2000 年的风雨，演变成著名的蒙顶茶艺，包括"玉壶蓄清泉""甘露润仙茶""饮客凤点头"等 12 道程序，表演者通常需要沐浴焚香后在山顶表演。

我国的第一部药学专著《神农本草经》中记载："神农尝百草，日遇七十二毒，得茶而解之。"人类利用茶叶，可能是从药用开始的。

茶叶作为一种饮料，从唐朝开始，流传到我国西北各个少数民族地区，成为当地人民生活的必需品，"一日无茶则滞，三日无茶则病"。在未知饮茶前，"古人夏则饮水，冬则饮汤"，恒以温汤生水解渴。以茶为饮则改变了人们喝生水的陋习，较大地提高了人民的健康水平。至于茶在欧美一带，被认为"无疑是东方赐予西方的最好礼物""欧洲若无茶与咖啡之传入，饮酒必定更加无度""茶是人类的救主之一""茶是伟大的慰藉品"等。

蒙顶茶艺

明代大家张大复在《梅花草堂笔谈》中写道："十分茶七分水；茶性必发于水，八分之茶遇十分之水亦十分矣；十分之茶遇八分水亦八分耶。"这说明了泡茶之水对茶的重要性。张大复认为：要泡出好茶，七成靠水，茶的特性由水来体现；就算只有八分好的茶，如果水有十分好，则能泡出十分好的茶，但如果是十分好的茶用只有八分好的水来泡，就只能泡出八分好的茶，白白浪费了茶的两分。茶寄于水，方显其味。好茶无好水则难得其真味，水的好坏直接影响到茶的色、香、味。

茶圣陆羽曾经在《茶经》中这样论述泡茶之水："其水，用山水为上，江水次之，井水为下。"其中所指"山水"即山泉水。山泉自古被奉为第一等的泡茶用水。山泉水经山体常年孕育、循环、净化而自涌，常年水温温度较为恒定，常呈弱碱性，富含多种矿物质和微量元素。

山泉水水质清、活、轻、甘、冽，分子团小，渗透力强，浸出溶解率高，有利于茶叶中有益物质的溶出。山泉水溶出茶叶中的茶多酚类和维生素等物质的含量，可达到用其他水溶出的一倍。优质山泉水富含硒、钙、镁、钾、钠、锶、锂等多种矿物元素，可以通过泡茶饮用水补充人体需要的矿物质和微量元素，它又是一种矿物质饮用水，常饮能祛病健体，延年益寿。泡茶后，茶汤色泽鲜艳、清澈明亮，茶香浓郁、芬芳四溢，口感清润、不苦不涩，放置 24 小时后，不挂碗，不浑不浊，无异味，尚存茶香。

中国人饮茶，注重一个"品"字。"品茶"不但是鉴别茶的优劣，也带有神思遐想和领略饮茶情趣之意。品茶的环境一般由建筑物、园林、摆设、茶具等因素组成。饮茶要求安静、清新、舒适、干净。利用园林或自然山水间，搭设茶室，让人们小憩，意趣盎然。

饮茶讲究环境的清幽，山水之畔，茅庐品茗，是古人眼中的一大雅事

客来敬茶，这是我国汉族同胞最早重情好客的传统美德与礼节。直到现在，宾客至家，总要沏上一杯香茗。喜庆活动，也喜用茶点招待。开个茶话会，既简便经济，又典雅庄重。所谓君子之交淡如水，也是指清香宜人的茶水。

我国汉族同胞还有种种以茶代礼的风俗。在南宋都城杭州，每逢立夏，家家各烹新茶，并配以各色细果，馈送亲友毗邻，称为"七家茶"。这种风俗，就是在茶杯内放两颗青果（即橄榄或金橘），表示新春吉祥如意的意思。

茶礼还是我国古代婚礼中一种隆重的礼节。明代的许次纾在《茶疏考本》中说："茶不移本，植必子生。"古人以为茶树只能从种子萌芽成株，不能移植，否则就会枯死，因此把茶看作是一种至性不移的象征。所以，民间男女订婚以茶为礼，女方接受男方聘礼，叫下茶或茶定，有的叫受茶，并有一家不吃两家茶的谚语。同时，还把整个婚姻的礼仪总称为三茶六礼。三茶，就是订婚时的下茶，结婚的定茶、同房时的合茶。婚礼时，还要行三道茶仪式。现代婚礼的敬茶之礼，则演变成对长辈的侍奉和敬意了。

中国古人曾认为茶有十德：以茶散郁气，以茶驱睡气，以茶养生气，以茶除病气，以茶利礼仁，以茶表敬意，以茶尝滋味，以茶养身体，以茶可行道，以茶可雅志。

宋代林洪撰的《山家清供》中，也有"茶，即药也"的论断。茶不但有对多科疾病的治疗功效，而且还有延年益寿、抗老强身的作用。茶功效主要包括：少睡、安神、明目、清头目、止渴生津、清热、消暑、解毒、消食、醒酒、去减肥、下气、利水、通便、治痢、去痰、祛风解表、坚齿、治心痛、疗疮治瘘、疗饥、益气力、延年益寿、杀菌治脚气。科学家甚至发现，煮制的茶水可释放出更多的抗癌物质，因此说，茶还有抗癌的作用。

中医还认为，一年有春夏秋冬四季之分，茶叶也有寒热温凉性味，因此，四季饮茶也要有所区别。春天，属温，阳气上升，阴气下降，万物复苏，应注意驱寒御邪、扶阳固气，此时宜饮花茶。夏天，属热，赤日炎炎，气候闷热，出汗甚多，宜喝绿茶。因为绿茶性味苦寒，清鲜爽口，具有清暑解热、生津止渴和消食利导等作用。秋天，属凉，有萧杀之象，叫"秋燥"，宜喝青茶，可以润肤、除燥、生津、润肺、清热、凉血。冬天，属寒，天寒地冻，寒气袭人，宜饮红茶。红茶醇厚干温，滋养阳气，增热添暖，可以加奶、加糖，可以去油腻、舒肠胃。

古人认为茶有十德，并有治疗疾病、延年益寿的功效

我国名茶众多，其中久负盛名、享誉中外的有西湖龙井、黄山毛峰、洞庭碧螺春、蒙顶甘露、信阳毛尖、都匀毛尖、庐山云雾、六安瓜片、安溪铁观音、苏州茉莉花茶等。近年来，普洱、安吉白茶、金骏眉等品种又异军突起，大受欢迎。茶成了世界风行的绿色饮品和健康饮品。在英国流行不衰的下午茶就是高雅生活与讲究品位的象征。美联社和《纽约时报》也曾公布中国十大名茶。下边，挑选几种略作介绍。

● 龙井茶

龙井茶是中国著名绿茶，产于浙江杭州西湖一带，已有 1200 余年的历史。龙井茶色泽翠绿、香气浓郁、甘醇爽口、形如雀舌，有"色绿、香郁、味甘、形美"四绝的特点。龙井茶得名于龙井。龙井位于西湖之西翁家山西北麓的龙井茶村。龙井原名龙泓，是一个圆形的泉池，大旱不涸，古人以为此泉与海相通，其中有龙，因称龙井，传说晋代葛洪曾在此炼丹。龙井现为直径 2 米左右的圆形泉池，泉水经饮马桥、黄泥岭，出茅家埠流入西湖。龙井之水的奇特之处在于搅动它时，水面上就出现一条分水线，仿佛游丝一样不断摆动，好似"龙须"，然后会慢慢消失。

狮峰山、龙井村、灵隐、五云山、虎跑、梅家坞一带土地肥沃，周围山峦重叠，林木葱郁，地势北高南低。上空常年凝聚成一片云雾，富有山泉雨露之灵气。传说乾隆皇帝下江南时，来到杭州龙井狮峰山下，学着茶女采茶。刚采了一把，忽然太监来报："太后有病，请皇上急速回京。"乾隆皇帝赶回京城，也带回了一把已经干了的杭州狮峰山的茶叶。太后泡上喝了一口，双眼顿时舒适多了，喝完了茶，红肿消了，胃不胀了。太后高兴地说："杭州龙井的茶叶，真是灵丹妙药，如同神仙一般。"乾隆皇帝传旨，将杭州龙井狮峰山下胡公庙前那18棵茶树封为御茶，每年采摘新茶，专门进贡太后。此典故广为流传，成为天下行孝的范例。

龙井茶、虎跑泉素称"杭州双绝"。据说以前有大虎和二虎俩兄弟，想在虎跑的小寺院里安家。和尚告诉他俩，这里吃水困难，要翻几道岭去挑水。兄弟俩答应承担挑水的任务。有年夏天，天旱无雨，吃水更困难了。兄弟俩想起南岳衡山的"童子泉"，决定去衡山移来童子泉。一路奔波，到衡山山脚下时，兄弟俩都昏倒了。待他俩醒来，眼前站着一位手拿柳枝的小仙人。听他俩诉说后，小仙人用柳枝一指，水洒在他俩身上，二人变成两只斑斓猛虎。小仙人跃上虎背，老虎仰天长啸，带着"童子泉"飞奔杭州而去。

从天而降，猛虎落在寺旁竹园里，前爪刨地，刨出一个深坑。突然，狂风暴雨大作，雨停后，深坑里涌出一股清泉。大虎和二虎带来的泉水，起名叫"虎刨泉"，后来为了顺口就改称"虎跑泉"。用虎跑泉泡龙井茶，色香味才是绝佳。

● 铁观音

据福建《安溪县志》记载，安溪产茶始于唐末，兴于明清，盛于当代，自古就有"龙凤名区""闽南茶都"之美誉。安溪人在清雍正三年至十三年（1725—1735年）创制了青茶，并传入闽北及台湾省。铁观音品质优异、香味独特，各地相互仿制，先后传遍闽南、闽北、广东、台湾等乌龙茶区。

● 普洱茶

普洱茶是云南独有的大叶种茶树所产的茶，是中国名茶中最讲究冲泡技巧和品饮艺术的茶类，其饮用方法异常丰富，既可清饮，也可混饮。清饮指不加任何辅料来冲泡，多见于汉族；混饮是指于茶中随意添加自己喜欢的辅料，多见于港澳台地区。如香港喜欢在普洱茶中加入菊花、枸杞、西洋参等养生食料。

早在 3000 多年前武王伐纣时期，云南种茶先民濮人就已经献茶给周武王。元朝时有一地名叫"步日部"，由于后来写成汉字，就成了"普耳"，直到明朝末年，才改称普洱茶。《滇海虞衡志》中记载："茶山有茶王树，较五山独大，本武侯遗种，至今夷民祀之。"

普洱茶

中国茶叶的兴盛，除了中华民族以饮茶为风尚外，更重要的是因为"茶马市场"以茶叶易换西蕃之马，开拓了与西域各国的商业往来。明朝，茶马市场在云南兴起，来往穿梭云南与西藏之间的马帮如织。在茶道的沿途上，聚集而形成许多城市。以普洱府为中心点，通过茶马古道极频繁的东西交通往来，进行着庞大的茶马交易。茶马古道，不仅是商品流通的要道，也是文化交流的通道。

茶马古道

粮食和水酿造的奇异——酒

酒是一种保健饮料，能促进血液循环、通经活络、祛风湿。我国是最早酿酒的国家之一，早在 2000 年前就发明了酿酒技术。

杜康是古代高粱酒的创始人，后世将杜康作为酒的代称。曹操在《短歌行》中写道："何以解忧，唯有杜康。"因为酒能消忧解愁，能给人们带来欢乐，所以就被称之为欢伯。汉代焦延寿在《易林·坎之兑》中说："酒为欢伯，除忧来乐。"

这种饮品为什么起名叫酒呢？相传，杜康想做一种可以喝的东西，但冥思苦想就是不行。一天晚上，他梦见一位仙翁说："你以水为源、以粮为料，将粮食泡在水里第九天的酉时，找上三个人，取每人一滴血加在其中，即成。"醒来后，他就按照老翁说的去做。杜康在第九天的酉时（17:00—19:00 点）去寻找三个人。先是一个书生，文质彬彬，谦虚有礼。他欣然允诺，割破手指滴了一滴血在桶里。后来了一队人马，带头的将军也捋臂挽袖，支持杜康，滴了一滴血在桶里。这时酉时已经快过，杜康只找到了一个乞丐，取了一滴血滴在了桶里。酒终于做成了，但起什么名字呢？他一想，这饮品里有三个人的血，又是酉时滴的，就写作"酒"吧；这是在第九天做成的，就取同音，念酒（九）吧。

酿制杜康酒的泉水——酒泉，位于河南洛阳南部杜康村的酒泉沟里，每到夏季，可闻到一股天然的酒泉香。明万历年间的《直隶汝州全志》中记载，杜康村三山环抱，一溪旁流。村南杜康河里流水潺潺，清澈见底，其中酒泉沟一段，百泉喷涌，清冽碧透，夹岸树木葱郁，景色宜人。老辈人常说，杜康河上有三奇：河雾平不及岸，鸭蛋黄鲜血样红，虾米俩俩相抱蜷腰横行。

水是酒的血液，曲是酒的骨架。大凡名酒产地，必有佳泉，水质好，自然酿出的酒好。

酒也是一种文化。从某种意义上说，中国上下5000年文明史，也是一部酒的历史。李白有举杯邀明月的雅兴，而苏轼有把酒问青天的胸怀。欧阳修有"酒逢知己千杯少"的豪迈，曹操有"对酒当歌，人生几何"的苍凉，杜甫有"白日放歌须纵酒，青春作伴好还乡"的潇洒。

儒家讲究"酒德"两字，最早见于《尚书》和《诗经》，其含义是说饮酒者要有德行，不能像夏纣王那样，"颠覆厥德，荒湛于酒"。《尚书·酒诰》中集中体现了儒家的酒德，这就是"饮惟祀"（只有在祭祀时才能饮酒），"无彝酒"（不要经常饮酒，平常少饮酒，以节约粮食，只有在有病时才宜饮酒），"执群饮"（禁止民从聚众饮酒），"禁沉湎"（禁止饮酒过度）。儒家并不反对饮酒，用酒祭祀敬神，养老奉宾，都是德行。

古代饮酒的礼仪约有四步：拜、祭、啐、卒爵。就是先做出拜的动作，表示敬意；接着把酒倒出一点在地上，祭谢大地生养之德；然后尝尝酒味，并加以赞扬令主人高兴；

最后仰杯而尽。在酒宴上，主人要向客人敬酒（称"酬"），客人要回敬主人（称"酢"），敬酒时还有说上几句敬酒辞。客人之间相互也可敬酒（称"旅酬"）。有时还要依次向人敬酒（称"行酒"）。敬酒时，敬酒的人和被敬酒的人都要"避席"，起立。普通敬酒以三杯为度。

主人和宾客一起饮酒时，要相互跪拜。晚辈在长辈面前饮酒，称"侍饮"，通常要先行跪拜礼，然后坐入次席。长辈命晚辈饮酒，晚辈才可举杯；长辈酒杯中的酒尚未饮完，晚辈也不能先饮尽。

中华民族的大家庭中的 56 个民族中，除了信奉伊斯兰教的回族一般不饮酒外，其他民族都是饮酒的。饮酒的习俗各民族都有独特的风格，不能简单地一概而论。

儒家讲究「酒德」，认为饮酒须有礼有节

● 贵州茅台酒

茅台酒独产于中国贵州省仁怀市的茅台镇，是与苏格兰威士忌、法国科涅克白兰地齐名的世界三大蒸馏名酒之一，是大曲酱香型白酒的鼻祖，至今已有 800 多年的历史。

周恩来总理曾经说，1954 年在日内瓦会议上帮助他成功的有"两台"：一台是指茅台酒，另一台是指电影《梁山伯与祝英台》。会议期间，周总理用此酒、此片招待了参加会议的外国首脑和使团，一下子征服了对新中国不了解的各国领袖和外交使节。美国前总统尼克松曾盛赞"茅台酒能治百病"，日本前首相田中角荣誉称茅台酒是"美酒"。

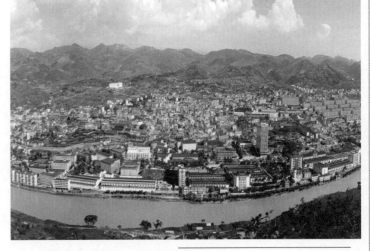

赤水河是茅台酒酿制用水的主要水源

酿制茅台酒的水主要来自赤水河，赤水河水质好，用这种入口微甜、无溶解杂质的水经过蒸馏酿出的酒特别甘美。茅台镇还具有极特殊的自然环境和气候条件。它位于贵州高原最低点的盆地，海拔仅 440 米，远离高原气流，终日云雾密集，夏日持续 35℃至

39℃的高温期长达 5 个月，一年有大半时间笼罩在闷热、潮湿的雨雾之中。这种独特的气候条件，对于酒料的发酵、熟化非常有利，同时也部分地对茅台酒中香气成分的微生物产生、精化、增减起了决定性的作用。

● 杏花村汾酒

现代科学揭示了酿造杏花村汾酒的"古井亭"和 1991 年新打的井深 840 米的"5 号井"中水的奥妙：地下水源丰富；水质优良，其含水层为第四系松散岩类孔隙水，地层中锶、钙、钼、镁、锌、碘、铁、镁元素含量高，不仅利于酿酒，而且本来就是对人体有益的天然优质矿泉水，对人体有较好的医疗保健作用，这样的优质水，自然会酿出好汾酒。清代诗人、书法家、医学家傅山先生曾题词"得造花香"正是对汾酒和竹叶青酒的健体疗效的高度赞扬。

● 河南张弓酒

商代，在葛伯国（今河南宁陵县）城南三十里处一老村寨中有一勇士名叫张弓，在外戍边御敌。家中新婚妻子，忠贞贤惠。每逢吃饭时都要盛出一碗，恭敬地放在桌上，摆上筷子，就像丈夫在家一样。过后，不忍心扔掉，就放在瓮里。张弓抗敌得胜，荣归故里。妻子叙说离别相思之苦，并拉他去看瓮中饭食。张弓非常感动，要吃妻子一直给保留的饭食。妻子重新蒸煮，从笼里流出来的水，浓郁芳香。张弓连饮满满两大碗，沉睡两天后醒来，感到浑身通泰，连声赞好。官吏以此珍稀贡品进贡商王，商王赐名"张弓酒"，赐该村为"张弓村"。

西汉末年，王莽篡权。高祖七世孙刘秀被其追杀，于张弓镇北"二柏担一孔"桥下藏身避险。脱险后，沽张弓酒庆幸赋诗曰："香远兮随风，酒仙兮镇中；佳酿兮解忧，壮志兮填胸"。酒后策马东行，酒力泛胸，余香盈口，不禁勒马回望张弓镇，乘兴吟诗："勒马回头望张弓，喜谢酒仙饯吾行，如梦翔云三十里，浓香酒味阵阵冲。"刘秀称帝后，封张弓酒为宫廷御酒，其藏身脱险的小桥赐名为"卧龙桥"，其勒马回头处建"勒马乡"。张弓系列酒以其"窖香浓郁，绵甜爽净，醇原丰满，回味悠长"而响誉全国。

● 河南赊店老酒

在河南南阳东北九十里，潘河与赵河交汇的地方，有座古镇叫赊店。名字很奇怪吧？西汉末年王莽篡权，建立新朝。刘秀起兵反抗，被王莽的军队追得到处乱跑。有次失败后，刘秀只身一人来到赊店。这里当时叫做兴隆店，据说是大禹女儿仪狄和水婴造酒的地方，酒馆很多。刘秀失魂落魄，囊中羞涩。一家刘姓店主接待了他，好酒好饭款待，却分文不要。大方且有眼光的刘姓店主，不仅温暖了刘秀的心，也激励了刘秀的斗志。刘秀索性斗胆借了店家"刘记"的金黄酒旗，出去招兵买马。老百姓看到大旗，看到了汉室复兴的希望，一时蜂拥而至，声势浩大。刘秀带领民军，终于通过昆阳之战，以少胜多，击败了王莽的军队，很快就夺得了天下。

刘秀当上东汉的光武皇帝后，没有忘记他的发家史。要不是当年赊得那面酒旗，焉能招兵买马，成就帝业？他派大臣到兴隆店宣旨，御笔亲封改"兴隆店"为"赊旗店"，封兴隆店龙泉酒为"赊店老酒"，作为皇家御酒，召当年善待他的刘姓店主进京享福。刘姓店主在京城思念故乡，说只有赊店镇中心五龙女井的水，才能造出最纯正的酒来。刘秀无奈，只好让他回去，主管全镇造酒，专送京师。又下旨改建赊店镇，修建城墙，仿皇城样子建九门。所以赊店镇的规模形制也格外隆重。再加上赊店是古代南方水运的终点和北方商队的起点，一直保持住了它的繁荣和地位。直到今天，除了镇中心巍然屹立的天下第一会馆——赊旗山陕会馆外，还有到处飘散的酒香，古老的风味依然在流传。

醉人的酒，既能壮胆，也能让人头脑发昏。它还是比试胆量，探测对方心机的巧妙手段。许多人都知道"青梅煮酒论英雄"的典故。曹操借着喝酒，用半真半假的语言，在半清醒半糊涂的时候，去探测刘备的真实态度和想法。

高潮发生在最后：刘备假装糊涂，曹操却不买他的账，用手一指刘备，再指自己，说：天下英雄，唯使君与操耳。一言而石破天惊，枭雄如刘备者也变了颜色，匙箸落于地。然而，天不灭刘，忽传惊雷，刘备趁机掩饰说："一震之威，

青梅煮酒论英雄

乃至于此。"

多亏刘备机智，以雷声震人来打马虎眼，掩盖自己的真心暴露，方才韬光养晦，躲过灾难。这里拼的其实不是酒，而是胆识与智慧。这和汉初的鸿门宴，几乎一样的惊心动魄。

这就是酒水之外的人生智慧了！

● 绍兴"女儿红"

"汲取门前鉴湖水，酿得绍酒万里香。"早在公元304年，晋代上虞人稽含所著的《南方草木状》中就有女儿红酒为当时富家生女嫁女必备之物的记载。女儿出生的第一声啼哭，肯定会让每一个父亲心头一热，三亩田的糯谷就酿成三坛子女儿红，仔细装坛封口深埋在后院桂花树下，就像深深掩藏起来的父爱。待到女儿18岁出嫁之时，用酒作为陪嫁的贺礼，恭送到夫家。按照绍兴老规矩，从坛中舀出的头三碗酒，要分别呈献给女儿婆家的公公、自己的亲生父亲以及自己的丈夫，寓意祈盼人寿安康、家运昌盛。南宋诗人陆游品饮女儿红酒后写下了著名诗句："移家只欲东关住，夜夜湖中看月生。"

女儿红属于发酵酒中的黄酒，用糯米、红糖等发酵而成，含有大量人体所需的氨基酸。江南的冬天空气潮湿寒冷，人们常饮用此酒来增强抵抗力，有养身的功效。

● 张裕葡萄酒

张弼士生于1841年，广东大埔县人，18岁只身远赴南洋谋生。他从雅加达一家米店的勤杂工干起，经过艰苦打拼，成为"南洋首富"，鼎盛时期资产达8000万两白银，相当于当时的大清国库的年收入，可谓"富可敌国"。

1891年，张弼士实地考察了烟台的葡萄种植和土壤水文状况，认定烟台确为葡萄生长的天然良园，拿出300万两白银，创办了中国历史上第一个葡萄酿酒公司，公司名取"张裕"二字。1915年巴拿马万国博览会，张裕产品一举夺得4枚金质奖章，这是中国葡萄酒首次在国际大展上获得大奖。张弼士说："只要发奋图强，后来居上，祖国的产品都要成为世界名牌！"

● 醪糟

醪糟又称酒酿、江米酒等，是由糯米或者大米经过酵母发酵而制成的一种风味食品。其热量高，富含碳水化合物、蛋白质、B族维生素、矿物质等人体不可缺少的营养成分，还含有少量的乙醇。

风味小吃醪糟

最简单的吃法是吃生醪糟。在川贵黔一带，除了吃以外，生醪糟还有着很重要的用途，那就是用生醪糟取代白酒做腌菜的"酵母"。像四川用醪糟腌的牛皮菜，酸辣之余带着绵甜，很是爽口。而贵州独山的"独山盐酸"则尤为闻名遐迩：于碧绿的青菜和红红的辣椒之间，点缀着雪白的醪糟粒，生脆的菜帮子巨辣无比，缠绵的甜味又使人欲罢不能。

南方的一些饭馆至今仍袭用醪糟做发面的"酵头"，所制作的面点松软可口香甜生津，非酵母或酵肥可比。生醪糟还是做菜的上等调料，像醪糟鱼、醪糟茄子等，都是很受欢迎的西南地区的家常菜。在烧开的醪糟中打入鸡蛋花、荷包鸡蛋，连汤带蛋吃，味道极佳。

陕西汉中人办红白喜事、盖房上梁，要用醪糟招待客人，还有许多独特的吃法：一是泡了麻花吃；二是把柿饼撕开，投入醪糟汤，一同煮好了吃；三是将核桃仁切碎，拌猪油，与醪糟一起煮着吃。夏天吃凉水醪糟，一勺子醪糟，加些冷水，喝起来打心里感到凉快，一天的暑气都消除掉了。

陕西方言"嘹扎"，就是"很好"的意思，不知道和美味的醪糟有没有关系？

舌尖上的刺激——醋

"醋"古称"酢""醯""苦酒"等。东方醋起源于中国。公元前1058年周公所著《周礼》一书，就有"醯人掌五齐、七菹"的记载，醯人就是周王室掌管五齐、七菹的官员，所谓"五齐"是指中国古代酿酒过程五个阶段的发酵现象，醯人必须熟悉制酒技术才能酿造出醋来。醯的官制规模在当时仅次于酒和浆，这说明醋及醋的相关制品在帝王日常饮食生活中的重要地位。

春秋战国时期，已有专门酿醋作坊。到汉代时，醋开始普遍生产。

酿制食醋在中国历史悠久，在汉代时，醋已开始普遍生产

南北朝时，食醋的产量和销量都已很大，其时的名著《齐民要术》曾系统地总结了我国劳动人民从上古到北魏时期的制醋经验和成就，书中共收载了 22 种制醋方法，这也是我国现存史料中，对粮食酿造醋的最早记载。宋代吴自牧在《梦粱录》中记载："盖人家每日不可阙者，柴米油盐酱醋茶。"醋已成为开门七件事之一。

相传，醋是酒圣杜康的儿子黑塔发明的。黑塔在酒作坊里提水、搬缸什么都干，慢慢也学会了酿酒技术。后来，黑塔酿酒后觉得酒糟扔掉可惜，就存放起来，在缸里浸泡。到了二十一日的酉时，一开缸，一股从来没有闻过的香气扑鼻而来。黑塔尝了一口，酸甜兼备，味道很美，便贮藏着作为"调味浆"。黑塔把二十一日加"酉"字来命名这种调料叫"醋"。

由于原料、工艺、饮食习惯的不同，各地醋的口味相差很大。历史较为悠久的有始于五代唐长兴元年（936 年）的保宁醋。保宁醋产于今四川阆中古城，有酸味柔和、醇香回甜的特点，其随着川菜的流行，行销全球，有"离开保宁醋，川菜无客顾"的说法。

在中国北方，最著名的醋种当属明朝时期发明的山西老陈醋。山西人以爱好食用醋而全国闻名，有"缴枪不缴醋"的笑谈。山西清徐醋非常有名。明朝永乐十九年，江苏武进县官吏杨玉随晋王三千岁来太原府上任，见这里汾潇二河并流而不合，羊方口夹在其中，有"二龙戏珠"之趣，便举家迁往羊方口定居，并让其子杨恕办起了醋坊，并将地名改为杨房村。这里后来出现了数十家远近闻名的酿醋作坊。"顺泰号"醋坊的小伙计到龙王庙井边挑水，见一条白蛇，长数丈，头伸井漕中，正在饮水。小伙计受惊逃回，告之掌柜，掌柜大喜："白蛇就是龙神，同我等共饮一井水，发迹不远矣"。亲手蒸就五支"莲花大供"，到龙王庙拜祀。民国三年，龙王庙井水枯干，醋井再度向北挪位，地点就选在"武家维"（即今天水塔老陈醋公司所在地）。水井出水后，水质极佳，酿醋极好。

在中原地区，最著名的是河南特醋。在南方，影响最大的有镇江香醋等。此外，浙江米醋也颇有声望。

百味之王——盐

　　盐能提供大量的钠，对人体来说，钠不仅能促进蛋白质和碳水化合物的代谢和神经脉冲的传播以及肌肉收缩，还能调节激素和细胞对氧气的消耗、控制尿量生成、口渴以及产生液体（血液、唾液、眼泪、汗液、胃液和胆汁）等。同时，盐对生成胃酸也非常重要。所以说，人不可一日无盐。

　　在烹调菜肴中加入食盐可以除掉原料的一些异味，增加美味，这就是食盐的提鲜作用。在众多的烹饪原料中，除少数原料自身具有人们比较欢迎、能够接受的味道外（如黄瓜、西红柿、水果、西瓜、甜瓜、哈密瓜之类），多数原料都不同程度地存在一些恶味，若使其变成美味可口的菜肴，除了加热、水浸等方法之外，就要发挥食盐的"除恶扶正"功能了。

海水制盐工艺中的人工晒盐

　　四川自贡开采井盐已有 2000 多年的历史。在 55 平方公里的范围内，汉族劳动人民共开凿了 1.3 万多口盐井，累计生产食盐 7000 多万吨。四川自贡井盐的采卤制盐史，可上溯到东汉章帝时期，闻名于唐宋，鼎盛于明清；在清咸丰、同治年间成为四川井盐业中心，其井盐遍销于川、滇、黔、湘、鄂诸省，可供全国 1/10 的人口食用。

　　沿海地区，则有古老的海水制盐。先将海水引入盐田，后在太阳照射下晒，晚上盐田中水蒸发后，就是粗盐了。

中国人的又一大发明——豆腐

　　豆腐，古称"福黎"，由我国最早发明，而后传往世界各地。相传是由汉朝炼丹家淮南王刘安发明，诞生于安徽六安市寿县与淮南市之间的八公山上。

　　1960 年在河南密县打虎亭东汉墓发现的石刻壁画，再度掀起豆腐是否起源汉代的争论。学者黄兴宗认为打虎亭东汉壁画描写的不是酿酒，而是描写制造豆腐的过程。不过，汉代发明的豆腐未曾将豆浆加热，乃是原始

豆腐营养价值较高，被誉为"植物肉"

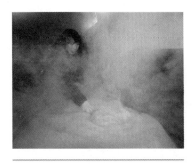

豆腐，其凝固性和口感都不如当前的豆腐。

唐代鉴真和尚在 757 年东渡日本时，把制作豆腐的技术传入日本。豆腐在宋朝时传入朝鲜，19 世纪初才传入欧洲、非洲和北美洲。

豆腐是我国素食菜肴的主要原料，被人们誉为"植物肉"。豆腐主要以大豆为原料加工制成的，大豆含有较多的蛋白质和脂肪，因此豆腐营养价值也较高。豆腐有南豆腐和北豆腐之分。主要区别在点石膏（或点卤）的多少，南豆腐用石膏较少，因而质地细嫩，含水率在 90% 左右；北豆腐用石膏较多，质地较南豆腐老，含水率在 85% 至 88% 之间。

现在，用葡萄糖酸内酯点出的豆腐更加细嫩，而且味道和营养价值也更高。豆腐为补益清热养生食品，常食可补中益气、清热润燥、生津止渴、清洁肠胃。现代医学证实，豆腐除有增加营养、帮助消化、增进食欲的功能外，对齿、骨骼的生长发育也颇为有益，在造血功能中可增加血液中铁的含量；豆腐不含胆固醇，是高血压、高血脂、高胆固醇症及动脉硬化、冠心病患者的药膳佳肴。豆腐含有丰富的植物雌激素，对防治骨质疏松症有良好的作用，豆腐中的甾固醇、豆甾醇，还是抑制癌细胞的有效成分。

喷涌之水——泉

泉是地下水的天然集中地表出露，是地下含水层或含水通道呈点状出露地表的地下水涌出现象。泉水流量主要与泉水补给区的面积和降水量的大小有关。补给区越大、降水越多，

则泉水流量越大。我国济南市是举世闻名的泉城，在旧市区 2.6 平方公里的范围内，分布有 106 个泉。趵突泉在城中，明代在泉侧建有观澜亭，并竖有石碑，刻有"观澜"和"第一泉"。

泉，与"钱"通。因货币如泉水一样流通不息。王莽篡夺刘汉天下后，因"钱"、"铢"等字之"金"旁与繁体"刘"字结构"卯金刀"之"金"犯其忌讳，故正式以"泉"代"钱"，更铸"货泉""布泉"以及"小泉直一"至"大泉五十"等六泉。后世文人更因"泉"较"钱"字风雅淡泊，故尤喜称"钱"为"泉"。

济南趵突泉

茶圣陆羽排列名次的泉水有 20 处。陆羽确定江西庐山的谷帘泉为"天下第一泉"，就在江西庐山大汉阳峰南面的康王谷中。王禹偁在《谷帘泉序》中说，谷帘泉水送来已有一个多月了，但至今水味不变；取水煮茶，其蒸气如浮云蔽雪，与井泉水完全不同。

中泠泉位于江苏镇江金山以西的石弹山下，池畔石栏上有清人王仁堪题写的"天下第一泉"五个大字。此泉曾被陆羽排为天下第七泉，后来刘伯刍根据此泉特有的优点，定为"天下第一泉"。

北京玉泉位于颐和园以西的玉泉山，因此地随地皆泉，故名为玉泉山。玉泉水质优良，用此泉水沏茶，色、香、味俱佳。乾隆皇帝取全国名泉之水，用特制的银斗进行鉴定，结果玉泉泉水最轻、含杂质最少、水质最好，便命名为"天下第一泉"，还写了《御制天下第一泉记》，刻碑立石，其中有"水之德在养人，其味贵甘，其质贵轻。朕历品名泉，实为天下第一"等言。清代皇宫饮水都是从玉泉取来，运水车每天清早就从西直门运水入城，车上插着龙旗，故北京西直门有"水门"之称。

玉泉趵突图

 ● 智泉

智泉位于福建省莆田城厢北磨的西山上，发源于弥陀岩。唐代思想家、文学家柳宗元（773—819）曾游于此，称此溪为"愚溪"。溪边石壁上，刻有"智泉"，为明代正德间，邑人陈伯献所写。陈伯献是己未（1499 年）进士，历官广西提学副使，有峰湖集。他辞官后曾隐居于此，因反对柳宗元给"愚溪"命名之意，更名此溪为"智泉"，其瀑为"智泉珠瀑"。

● 盗泉

古泉名，故址在今山东泗水县东北。据说县内共有泉水 87 处，惟有盗泉不流，其余都汇入泗河。古籍中有："（孔子）过于盗泉，渴矣而不饮，恶其名也。"《淮南子》说："曾子立廉，不饮盗泉。"后遂称不义之财为"盗泉"，以不饮盗泉表示清廉自守，不苟取也不苟得。泉旁有石碑，上书"盗泉"

孔子不饮盗泉之水，实为强调精神气节

二字。这个泉名，来自孔子。他曾经带着弟子高柴来说服被逼上梁山的饥民，未果。便拒喝山上的泉水。并声言："山为盗占，盗山也！盗山之泉，盗泉也！君子不饮盗泉之水！"

在很久以前，这里即被人改名为"倒泉峪"，原因是村南的河流向东，而泉则向西流，然后再入河东流。民国13年（1924年），本村乡绅刘德身和文人巩兆五将"盗"字改为道德的"道"字，沿用至今。

● 聪明泉

在庐山东林寺神运殿后，翠竹林间，有一口径约2平方米的方泉池，泉旁碑刻"聪明泉"三字。晚唐诗人皮日休为此写过《聪明泉》一诗："一勺如琼液，将愚拟望贤。欲知心不变，还似饮贪泉。"传说晋时荆州名士殷仲堪来东林寺访问高僧慧远，两人在神运殿后松间边走边谈论《易经》，殷仲堪才辩纵横，口若悬河，慧远笑指路边清泉曰："君之辩如此泉涌。"此后，人们便把这口泉称之为"聪明泉"，并把皮日休这首诗刻在聪明泉旁的碑上。

● 贪泉

贪泉在广州附近的石门。有传说一饮此泉，便会变得贪而无厌。其泉水明亮如镜，清冽爽口，早在晋代就已有盛名。

但是东晋新升任的广州刺史吴隐之，走马上任路过贪泉时，却挹泉而饮，还放歌言志："古人云此水，一饮怀千金；试使夷齐饮，终当不移心。"吴隐之在广州刺史这个肥缺上，始终保持不贪不占的清白操行。任期满后，他从广州乘船返回建康时，与赴任时一样，依然身无长物、两袖清风。他与前后刺史离任归还时"船载洋货，车装珍宝"形成了鲜明的对比。

由此看来，贪与不贪其实与泉水无关，最根本的还是人自身的原因。把恶行归于无辜的泉水，只是谎言和狡辩而已。

● 蝴蝶泉

蝴蝶泉位于苍山第一峰云弄峰神摩山下，南距大理古城27公里，泉水清澈如镜，面积50多平方米，为方形泉潭。泉边弄荫如盖，一高大古树，

蝴蝶泉

横卧泉上，这就是"蝴蝶树"。每年春夏之交，蝴蝶群聚，挂于树上，最为壮观。

苍山和洱海不仅为人类提供了"银苍玉洱"的观赏美景，而且构成了蝴蝶等昆虫大量繁殖与生长的自然环境。该泉涌水量为18.77升/秒，矿化度小于0.5克/升，属重碳酸钙、镁型水。

● 功德水

相传，远古的某年夏季，汝河两岸，天不下雨，庄稼不长。百姓心急如焚，冒着烈日，跪在旷野，求天赐雨。见此情景，汤王也跪在百姓中间，但许久仍无雨下。他看到附近有一个高台，让手下人在高台周围堆起干柴。他登台祷告："老天爷慈悲，赶紧下雨吧！如果是我得罪了您老人家，就请治我的罪吧，不要跟老百姓为难。"他告诉手下人，如果午时三刻上天仍不降雨，你们就点燃柴堆，把我烧死，为百姓换来一场雨。

河南汝阳观音寺汤王宫前「功德水」

午时三刻眨眼已到。突然刮起一阵大风，紧接着电闪雷鸣，大雨倾盆而下。百姓得救了，汤王舍身为民也传遍了天下。这个祈雨的高台，就是今天的圣王台。

观音寺就在台下。寺内汤王宫的左前方，有一个六边形的古井，曰"洗心井"，井内清水，据说从古到今，无论旱涝，从来是不升不降，始终如一。寺内石碑刻着"身外红尘十丈深，人生一涉便相侵，须知井渫不穷养，洗我清清白白心"。

汤王宫前，升圣桥下，东边有一老母洞，洞两侧有一副对联，上联是"莫向他山借石"，下联是"还来此地做人"，横批"何须面壁"。老母洞前有一小泉，泉名"涤滤"。石碑上也有诗解："澄鲜澈底本源清，涤尽尘嚣一世情。凡念来时应可化，禅心到处信堪盟。"

大殿东南侧有一口小井，圆之如镜，近观之，盈盈之水欲流。饮之甘甜如饴，口留清爽，让人素心静神。这就是远近闻名的"功德水"。

水是命脉，水是维系，水是文化，水是源流。

第四章　择水而居，繁衍生息

——水与居所、聚落和城镇

水是一种资源：它不仅仅是离不开的基本物质，还是一种心理储备和战略举措。否则，你是想尝试临渴掘井的窘迫和冒险，还是打算像马谡那样被困山上、断了水源而阵脚自乱呢？

水是一种环境：它不仅为山川增色，平添灵秀，也能让从凡夫俗子到圣人智者的每个个体，都感受到真真切切的滋润和愉悦。

水是一种景观：它来自自然，又绝对仅非自然。"窗含西岭千秋雪，门泊东吴万里船"，这是基于实际场景的一种诗意和想象。

水是一种心境："曾经沧海难为水，除却巫山不是云"，它倾诉的可能是情，也可能是因为心境的变化而带来的物是人非。

水是一种期待：古人说，"有位佳人，在水一方"，哪一个更美？说不清，道不明。充满想象力的意境，才是无限的魅力所在。

水是一种愿望："福如东海长流水，寿比南山不老松"，那种祝福和向往，只有内心充满爱，才能够透彻体会。

水与建筑

水，作为环境的一个重要元素，与人类建筑很早就形成了千丝万缕的联系。

● 水榭、水阁

榭，是建筑在台上的屋子，是一种借助于周围景色而见长的园林休憩建筑。"木"与"射"联合起来表示"一种四面开放的木亭子，在其中可以向四方射箭"，其本义是木亭子（古代的观景建筑），多建于水边或者花畔，借以成景，平面常为长方形，一般多开敞或设窗扇，以供人们游憩、眺望。水榭则要三面临水。从形态上看，榭是低平而开放的，带有明显的亲水、接近自然的形态。

水阁，是临水的楼阁。在江南水乡，水阁特指立在水面之上的小型建筑。水阁一般为两层建筑，四周开窗，可凭高远望。水阁没有楼那么宏伟气派，但功能和作用与楼非常相似。

清袁枚在《随园诗话补遗》卷一中引述道："一片湖光星万点，家家水阁上灯初。"

● 亭桥、风雨桥

亭桥是一种特殊的桥，有很强的建筑感和空间功能。加建亭的桥，称为亭桥，可供游人遮阳避雨，又增加桥的形体变化。亭桥如杭州西湖三潭印月，在曲桥中段转角处设三角亭，巧妙地利用了转角空间，给游人以小憩之处。

亭桥最著名的是扬州瘦西湖的五亭桥。它多孔交错，亭廊结合，形式别致。廊桥有的与两岸建筑或廊相连，如苏州拙政园"小飞虹"；有的独立设廊，如桂林七星岩前的花桥。苏州留园曲溪楼前的一座曲桥上，覆盖紫藤花架，成为风格别具的"绿廊桥"。

风雨桥壮语称"厅哒"。狭义上指壮侗瑶民族的一种交通风俗，广义上指百越交通建筑风俗。它是干栏式建筑的发展及延伸，流行于湖南、贵州、广西、湖北、浙江等地，多见于南方百越之地，四川、重庆、江西、安徽、广东等地略有之。风雨桥由桥、塔、亭组成，全部用木料筑成，桥面铺板，两旁设栏杆、长凳，桥顶盖瓦，形成长廊式走道。

苏州园林中的廊桥

塔、亭建在石桥墩上，有多层，檐角飞翘，顶有宝葫芦等装饰。建桥时，以杉木为主要建筑材料，不用一颗铁钉而以榫卯衔接，斜穿直套，纵横交错，结构极为精密。棚顶都盖有坚硬严实的瓦片，凡外露的木质表面都涂有防腐的桐油。它多建于交通要道，方便行人过往歇脚，也是迎宾场所。历来由民众集资、献工献料建成，桥头立石碑，镌刻捐资、献工献料者姓名，是造福乡梓的一项公益事业。

坐落在广西三江林溪河上的程阳桥是风雨桥的代表。这座桥建于1916年，是一座四孔五墩伸臂木梁桥。其桥墩墩底用生松木铺垫、用油灰黏合料石砌成菱形墩座，上并排铺放数层巨杉圆木，再铺木板作桥面，桥面上盖起瓦顶长廊桥身。桥顶建造数个高出桥身的瓦顶、数层飞檐翘起的角楼亭，美丽、壮观。5个石墩上各筑有宝塔形和宫殿形的桥亭，逶迤交错，气势雄浑。长廊和楼亭的瓦檐头均有雕刻绘画，人物、山水、花、兽类色泽鲜艳，栩栩如生，是侗族人民智慧的结晶，也是中国木建筑中的艺术珍品。

福建省福鼎市管阳镇西阳村有座风雨桥，又名"老人桥"，始建于明正德年间，是十七都民众为纪念邱阜老人而建的，至今保留完好。桥亭形似长廊，中央设神龛两座：

一龛供奉泗州佛、水官大帝、真武大帝石像各一尊，雕艺精巧，神态如生，前置石香炉一口；另一龛供奉邱老人，龛中置一"明排难解纷邱阜公神位"的木制浮雕双龙戏珠的裱金神牌，前放一口历时悠久的石香炉，镌有"邱老人公"字样。在清光绪年间知县黄鼎翰所编的《乡土志》有记载："邱阜，瓦洋人，有齿德，为遏远排难纠纷者数十年，有某甲，妇悍甚，小忿涉讼。阜劝谕弗听，自耻德薄，赴水死。闾里感其诚，建桥设主以祀，至今呼为老人桥云。"热心乡邻的邱阜老人，就以这种隆重的方式被后人代代铭记。

福建管阳风雨桥

龙津风雨桥位于湖南省怀化市芷江县，一直是湘黔公路交通要塞，也是商贾游客往来云集最繁华的地方，史称"三楚西南第一桥"。舞水河将芷江城划分为东西两半，滔滔江水，终年不断，以舟为渡的两岸百姓及商旅行人常常葬身鱼腹。明万历十九年（1591年），沅州城的宽云和尚，四方奔走募捐，募到白银15000两、粮食11万石，在此修建了风雨桥，因桥墩与流水形如龙口喷津，故名。万历三十年（1602 年），一场山洪将龙津风雨桥毁于一旦。崇祯六年（1633 年），驻沅州的云南都司金书阮呈麟带头捐款，重修龙津风雨桥。清乾隆四十二年（1777 年），一把大火又将龙津风雨桥化为灰烬。此后，复修、水毁、火烧、征战，一直不断。抗战初期，龙津风雨桥上的廊、亭被悉数撤除，改造成石墩木面公路桥，以利汽车通行。令人惊奇的是，任凭日军飞机怎样狂轰滥炸，它却始终安然横卧在舞水之上。1998 年春，芷江侗族自治县县委、县政府决定复修龙津风雨桥，当地群众筹资 600 多万元，整个施工工程于 1999 年初全面启动，当年 11 月建成。

湖南芷江龙津风雨桥

关于风雨桥的来历，还有民间传说。相传古代，侗家还没有开辟村寨，住在半山坡上。小后生布卡娶了一个妻子，名叫培冠。夫妻两人十分恩爱，几乎是形影不离。培冠又长得十分美丽，夫妻两人过桥时，河里的鱼儿也羡慕得跃出水面来偷看。一天布卡夫妇走到桥中心，忽然一阵阴风刮来，布卡睁不开眼，妻子"哎呀"一声跌入水里。布卡赶忙跳进水里，来回寻找了好几次，却不见妻子的影子。原来河弯深处有只好色的螃蟹精，把她卷进河底岩洞里去了。

这时风雨交加，浪涛滚滚，只见浪里有一条花龙，向河底冲去。此时，从水里冒出一股黑烟，升到半空变作一团乌云；那花龙也紧追冲上半空，把黑云压了下来，怪物现出原形，跌进河中，变成一块黑色大石头，后人称之为"螃蟹石"。待河水平静后，对面河滩上有个女人在呼喊。布卡一看，正是培冠。大家才知道是花龙救了她。为了感谢花龙，大家把小木桥改建成空中长廊式的大木桥，还在中柱刻上花龙的图案，祝愿花龙常在。建成那天，奏芦笙，唱耶歌，人山人海，非常热闹。这时，天空彩云飘来，形如长龙，霞光万丈。众人细看，正是花龙回来看望大家。因此，后人称这种桥为"回龙桥"，有的地方又称"花桥"。因桥上能避风躲雨，所以又称"风雨桥"。

● 廊桥

廊桥亦称虹桥、蜈蚣桥，主要包括木拱廊桥、石拱廊桥、木平廊桥等。其中木拱廊桥分布于闽浙边界山区，尤其在浙江泰顺，古廊桥目前尚存 30 余座，泰顺因此被称为"中国廊桥之乡"。2009 年 9 月 30 日，由福建省屏南县、寿宁县、周宁县和浙江省泰顺县、庆元县联合申报的"中国木拱桥传统营造技艺"被列入联合国教科文组织《急需保护的非物质文化遗产名录》。

周宁禾溪三仙桥，原名澄明桥，始建于明成化三年（1467 年），于民国 6 年（1917 年）重建，为瓦木结构木拱廊桥，宽 5.6 米，全长 27.3 米。桥中央设立神龛，供奉杨、柳、倪三仙姑。她们原本被供奉在离村较远的一座山上，桥建造完成后，禾溪村远古的先祖们为了保护桥下的鲤鱼，特地将这三位仙姑从山上请到桥屋内供奉。桥屋幔天上绘制的精美图案虽已模糊不清，但仍吸引了不少慕名而来的游人。

周宁禾溪三仙桥

● 水廊

水廊，是园廊的一种。园廊是建造于园林中的廊，其基本类型，按结构形式可分为双面空廊、单面空廊、复廊、双层廊和单支柱廊 5 种；按廊的总体造型及其与地形、环境的关系可分为直廊、曲廊、回廊、抄手廊、爬山廊、叠落廊、水廊、桥廊等。水廊临近或跨越水面之上，空透灵秀的建筑韵味表达得更加淋漓尽致。

● 水围

水围有圩子和围屋等不同规模和形态，其中较著名的一座位于江西赣州龙南县渡江镇象塘腹地，紧靠恩堂和禄公祠，旁边就是桃江河。此围由钟公建筑，历经 17 代。围屋为砖石木结构，长 40 米、宽 31.5 米、高 7 米，占地 1260 平方米，墙厚 0.7 米。全围 3 层房，四角设有炮楼，全围有炮（枪）眼 216 个，院内二、三层有走马楼。庭院内有水井，井水清澈、甘甜。门前有古树（松柏）1 棵。

水围

图说水与衣食住行

水围，高大坚固，具有完善的防卫体系，是研究赣南明清时期客家文化、历史、建筑的宝贵载体。水围靠近水塘又紧临河水，林木葱茏，水映蓝天。围屋临着桃江河西岸的竹林和栗树林，环境秀丽。水围的建筑规模宏大，围墙、厅厦、房屋，均用青色火砖建成，建筑工艺高超。

● 沿河长廊

南方多雨，商业兴盛，水网交织，建筑密集。河道、道路与建筑相结合，就形成了南方特有的长廊建筑。典型的比如南浔、乌镇、西塘、唐模，蔚为壮观，风雨无阻，商住一体，便民利己。这种民风公俗，形成了逶迤洒脱的滨水商业街。

广东赤坎骑楼商业街

● 水屋——疍家棚

中国古老的疍家人就生活在建在水上的房屋中，也称作"疍家棚"，是傍岸临水架设的棚户（或直接建在船上），竹瓦板壁，陈设简单，卫生清洁。疍家人源于古代南方越族，以舟为室，视水为陆，浮生江海。疍家人以广东珠江一带为最多，他们分布在南海沿岸以至南洋诸岛。

海口海滨的疍家人，历史上人口较多。海口疍家人向来舟居海上，漂泊不定。有时在海滩沙洲盖"白鸽寮"定居，寮上层居人，寮下面临水，便于出海谋生。海口疍家人祭天后圣母、兄弟公、昌化公和江大将军，这些都是海上的保护神。船出航或停航都烧香祈祷神灵保佑水上航行平安。

今日疍家棚

在传统的观念中，居无定所，似乎是贫贱和狼狈的。但实际上，疍家人是坚持着自己理念的自由民，为了满足自己的生活方式和对大自然的喜爱，他们过着逐水而居的生活。而今天的一些风景旅游地，建造水上房屋，则是追求浪漫情调的别出心裁了。

● 井

这是人们生活环境中的基本配置，也是定居生活的基础条件之一。井的发明是人类社会文明进步的标志，也是人类突破逐水而居局限的重要分界线。

井发明后，又形成了一系列与井相关的名称，例如奴隶制社会形成的井田制，这是农耕文明发达的标志。汉荀悦《汉纪·文帝纪下》："古者建步立亩，六尺为步，步百为亩，亩百为夫，夫三为屋，屋三为井，井方一里，是为九夫，八家共之。"

还有姓氏为"井"。祖宗是井伯。姜子牙建立了齐国，而姜子牙的后代中，又有人到虞国去做了大官，又被虞国国君封为井邑的首领——伯爵，于是被人们称为井伯，井伯又有个后代叫井奚，后来到秦国去做了大官，被秦穆公封为百里邑的首领，人称百里奚。百里奚的后代也以封地为姓，世代姓百里，所以井姓和百里姓的老祖宗是同一个。汉代有名人井丹，通五经，善谈论，为人清高，不屑攀龙附凤、趋炎附势。

井市指做买卖的市街。古代因井为市，故称。唐李绅《入扬州郭》诗："堤绕门津喧井市，路交村陌混樵渔。"明文徵明《饮子畏小楼》诗："君家在皋桥，喧阗井市区。"井市还可以代称商贾。宋梅尧臣《李审言相招令开宝塔院》诗："又效井市态，屈强体非雅。"

井曲则指里巷、里弄，跟井陌、井闾的意思相近。许昌老城里有井巷街、南九曲街、北九曲街，就很形象。井里则指乡里。井邑还代表城镇、乡镇。井树，借指饮食休息之所。

井花水，亦称"井华水"，是指清晨初汲的水，据说是极好的。北魏贾思勰《齐民要术·法酒》："秫米法酒：糯米大佳。三月三日，取井花水三斗三升，绢筛曲末三斗三升，秫米三斗三升。"石声汉注："清早从井里第一次汲出来的水。"宋苏轼《赠常州报恩长老》诗之一："碧玉盌盛红马瑙，井花水养石菖蒲。"明李时珍《本草纲目·水二·井泉水》［集解］引汪颖曰："井水新汲，疗病利人。平旦第一汲，为井华水，其功极广，又与诸水不同。"

井湄，亦称"井眉"，是指井口的边沿，延伸为不安全的地方。李俊民在《醉黎赋》写道："井眉之瓶，不以近危而不居。"

"井仪"，则是古代射礼的五种射法之一。《周礼·地官·保氏》记载："五射：白矢、参连、剡注、襄尺、井仪也。"贾公彦疏："井仪者，四矢贯侯，如井之容仪也。"侯，就是箭靶。

● 水与生土建筑

从古到今，并不是所有的人在建造房屋的时候都可以金玉满堂、挥霍无度。普通而适用的建筑材料，更像是家常便饭不可或缺。在北方农村，有一种干打垒技术，又称垛土墙，就是把筛选好的黄土，加水、掺入麦秸，和至半干。用叉子挑起来往做好的墙基上堆。稍干后，再往上加。趁没有完全干透的情况下，再对内外墙面进行加工至平整。墙体很厚，也很结实，冬暖夏凉。还有更常见的土坯制作。有一种是把较湿的、和好的泥铺在地上，驱赶着毛驴拉着辊子去反复碾压结实。待快干时，再用铁刀划分成规则的块状。彻底晒干后，就是土坯。而较常见的土坯是用模具人工打制的，更规则，也更精细。在陕西、山西、豫西一带，人们用简单而巧妙的模具打制土坯，又大又薄，当地称作"糊琪"。这是一种非常古老的做法。

这些材料看起来非常简陋，似乎很脆弱，但是在当地干旱少雨的气候下，却异常坚固，即使用上百年，也不会出问题。其实，这还属于绿色建筑技术。在整个生产和使用过程中，甚至废弃以后，它都不会给环境带来什么负担。这是一种经过长期历史选择和持续使用的、高效适用的建筑技术。

生土建筑，发源于中国的中西部地区，是一种古老的「绿色建筑」

水与村镇

理想的家园，山清水秀，气蕴万千。安设祠堂宗亲，延续同宗血脉，颐养众生，代代相传。中国悠久的农耕文明和耕读文化，在广袤无垠的山水平畴中，留下无数璀璨的美好家园，传承至今，名声在外。

楠溪江美丽丰
饶，两岸村落
星罗棋布

● 浙江楠溪江流域村落

浙江南部永嘉的楠溪江流域，旅游资源极为丰富。它东临雁荡，南距温州，西连仙都，北接仙居，景区面积达625平方公里，被誉为"中国山水画摇篮"。楠溪江，融天然山水、田园风光、人文景观于一体，以"水秀、岩奇、瀑多、村古、滩林美"的独有特色而闻名。其中以清澈见底的江水和众多保存完好的古村落最为难得。经检测，江水中的含沙量仅为每立方米万分之一克，pH值为7，被誉为"天下第一水"。而那些以"七星八斗""文房四宝"以及以阴阳风水等思想构筑的古村落，更是为楠溪江增添了无穷魅力。

300里楠溪江，逶迤曲折，有36湾、72滩之称。楠溪江上游溪深源远，素湍绿潭，随处可见。山高岩峻之处，悬泉瀑布飞泻其间。百丈瀑、罗阳瀑布、崖下库含羞瀑、石门台九漈瀑、北坑龙潭三折瀑，各有其形，各显其妙，远望疑是银河，天汉倾落；近观飞流冲泻，气势磅礴。楠溪香鱼、杨梅、大竜、素面都是这里的名产。

坐落在楠溪江流域的大小村落，灿若繁星，各居其所。楠溪江如同慈祥的母亲，把这些村庄如赤子一般延揽入怀。这些村子，也以它们各自的特质、潜能和出产，千百年来为楠溪江舒筋通脉、增添活力，抒发着山水情怀，诉尽人间喜乐。芙蓉村中芙蓉池畔，一池碧水摇曳着抗元志士陈虞之不屈的身影，也回荡着古老书院天真学童的朗朗书声；苍坡村里，砚池湖水依然倒映着村外笔架山的妩媚山形，而按照笔墨纸砚的形态建设而成的秀美村庄，则传诵着耕读传家的世代理想；岩头村弯弯的丽水人工湖注视着穿行于湖畔长廊中的往来商客，清风缓缓拂去他们的疲惫和旅尘；鹤阳蓬溪的青山碧水呵护着谢灵运的后裔，让他们远离尘世的纷争，而陶醉于诗书的清静。每一个村庄聚落，都是山水文化和乡土情怀的无声的代言人。

图说水与衣食住行

● 皖南古村落与古镇

中国的江河大多都是自西向东奔流的。在皖南的一个小村子，河流的走向却是自东向西。这就是现在名声远扬的黟县西递村。西递是按八卦风水学兴建的古老村庄，始建于北宋，主要是明清的建筑，徽州风格明显。它集徽州山川风景之灵气，融风俗文化之精华，风格独特，结构严谨，雕镂精湛。在总体布局上，依山就势，构思精巧，自然得体；在平面布局上规模灵活，变幻无穷；在空间结构和利用上，造型丰富，讲究韵律美，以马头墙、小青瓦最有特色；在建筑雕刻艺术的综合运用上，融石雕、木雕、砖雕为一体，显得富丽堂皇。

皖南宏村的兴盛
美丽离不开先人
规划营建的生态
水系

宏村则是"牛形"村落。一个牛形的复杂水系和宏村形成了血脉关系。早在选址建村之时，先人就对周边环境进行了评价和估算，若要这块风水宝地滋养子孙、荫庇家族，必须建造长久有效、持续发展的水系。所以他们在西北的高处兴建石碣（水库）汇集雷岗的雨水和洪水，以提供稳定的水源，又开挖水圳穿越村庄，在村中设月沼作为蓄水池，形成滋养村庄的复杂水系。再后又修建南湖和退水渠连接羊栈河，以扩大容量和调节能力。游客来到宏村，常常听到导游对于逼真的牛形村庄的津津乐道，其实在这个美妙形象的整体概念之下，其中复杂的、动态发展的水系，才是千年宏村的命脉所在！

世界遗产委员会对西递和宏村古村落的评价是："西递、宏村这两个传统的古村落在很大程度上仍然保持着那些在上个世纪已经消失或改变了的乡村的面貌。其街道的风格，古建筑和装饰物，以及供水系统完备的民居都是非常独特的文化遗存。"

鱼梁古镇，是一个静卧在新安江畔的古老村镇。当人们从镇中雨水滋润后、微微起伏变化的街巷走过时，你觉得似乎是走在一条硕大无比的鱼的脊背上，似乎能感觉到它脉搏的跳动。鱼梁的选址是精妙的，不仅在于它从来没有被洪水袭扰过，还在于它旁边

精心修筑的滚水坝。新安江变化不定的水流以及歙县需要的水源滋养，都需要这条滚水坝。因此，航运在这里卸货过坝。水坝形成的水面帮助上游的歙县克服缺水和火灾威胁。水陆转运的地位，成就了鱼梁古镇自己，也维持了歙县——徽州州城的繁荣！

唐模村是唐朝开国功臣越国公汪华的太曾祖父叔举创建的。923年，汪华的后裔迁回故乡，汪氏子孙不忘唐朝对祖先的恩荣，决定按盛唐时的规模建立起一个村庄，取名"唐模"。

千年古唐模，尽孝檀干园。据说，清初唐模有一位叫许以诚的，在苏浙皖赣一带经营36家当铺，时称36典。许以诚的母亲在山村里过了一辈子，十分向往杭州西湖，想去游览，但苦于山高路远、车马劳顿，年老体衰不便成行。况且，一时短暂的游览也无法经常愉悦老母。这位孝子不惜巨资，在村边挖塘垒坝，模拟西湖景致，修筑亭台楼阁、水榭长桥。园内也有三潭印月、湖心亭、白堤、玉带桥等胜景，恰是一处微缩的西子湖，供母颐养。镜亭是小西湖的中心，亭内四壁以大理石砌成，镶嵌有苏轼、朱熹、董其昌、黄庭坚、倪元璐、文征明、米芾、蔡襄、查士标等书法大家碑帖，林林总总，蔚为大观。园内遍植檀花，又有一泓小溪缓缓绕流，取《诗经》"坎坎伐檀兮，置之河之干兮"之意而名曰"檀干园"。

● 云南丽江古城

丽江古城位于云南省西北部横断山脉向云贵高原过渡地带，所在地海拔2400米，属低纬高原季风气候，年均气温12.6℃，年均降雨量950毫米，雨量丰沛，夏无酷暑，冬无严寒，四季如春，气候宜人。这里地处滇、川、藏交通要冲，自古来是汉、藏、白、纳西等民族文化、经济交往的枢纽，是南方丝绸之路和"茶马古道"的重镇及军事战略要地。长期的民族交融、多种文化的汇交、悠久的历史积淀，形成了独具特色的以纳西文化为主的多民族复合文化。

丽江古城在南宋时期就初具规模，至今已有八九百年的历史。宋为大理善巨郡地，开始建城，忽必烈南征大理，以革囊渡金沙江后在此驻兵操练，"阿营"遗址仍在，当时居民已有千余户，至元十三年改为丽江路，丽江之名始于此，以依傍于丽江（金沙江古名）湾而得名。

丽江古城选址独特，布局上充分利用山川地形及周围自然环境，北依象山、金虹山，西枕猴子山，东面和南面与开阔坪坝自然相连，既避开了西北寒风，又朝向东南光源，形成坐靠西北、放眼东南的整体格局。

发源于城北象山脚下的玉泉河水分3股入城后，又分成无数支流，穿街绕巷，流布全城，形成了"家家门前绕水流，户户屋后垂杨柳"的诗画图。街道不拘于工整而自由分布，主街傍水，小巷临渠，300多座古石桥与河水、绿树、古巷、古屋相依相映，极具高原水乡古树、小桥、流水、人家的美学意韵，被誉为"东方威尼斯""高原姑苏"。充分利用城内涌泉修建的多座"三眼井"，上池饮用，中塘洗菜，下流漂衣，是纳西族先民智慧的象征，也是当地民众利用水资源的典范杰作，充分体现人与自然和谐统一。

城北的黑龙潭不仅是丽江古城最重要的活水源头，也是古城区重要的旅游景点。以高耸洁白的玉龙雪山为背景的黑龙潭清澈见底，四周绿树婆娑，五凤楼、解脱林、龙神祠、锁翠桥等古建筑掩映其间。位于黑龙潭中央的得月楼上，悬挂有郭沫若先生亲笔题写的楹联："龙潭倒映十三峰，潜龙在天，飞龙在地；玉水纵横半里许，墨玉为体，苍玉为神。"

清洁的雪水穿越丽江而过，带来的是一个美丽、纯净、充满浪漫气息的人间圣境，也是人们心中摆脱现实纠结的心灵港湾。"你丽江了吗"，这种诱惑，成为了小资们告别日常琐碎事务、彰显超凡品位的一种生活方式。

● 火热腾冲，天下和顺

在祖国的西南边陲、横亘南北的高黎贡山西麓，有座小城，被称为"中国极边第一城"，

这就是腾冲。腾冲的火山热海是罕见的地理景观，滚烫沸腾的"热海大滚锅"展示着地层深处的巨大能量。

在腾冲的西郊，有座小镇，叫做和顺，是扬名东南亚的侨乡小镇。这是中国西南边陲的第一口岸。和顺，坐落在一个阔达盆地南侧的山坡上，一条蜿蜒的小河从村前流过。当明代来自川东的军士在这里安营扎寨，他们想起了家乡海棠溪傍晚的温和宜人的画面，就把这个地方叫做"阳温墩"了。家乡的山水情愫在这里扎根、萌生，发扬光大。村镇其实并不大，站在山脚下，就能一览无遗。只是，在山脚下，村边处，水岸边，立着7座秀美空灵的亭子，引人注目，似乎在向人们讲述着什么。

走到近旁，你会发现，这些亭子不是普通的亭台楼阁。它立在水中，只有几块条石，并没有平台栏杆。最常见的是，只有妇女在其中浣纱洗衣。当地人把它们称作"洗衣亭"。这在别的地方，是无法看到的。"洗衣亭"是和顺古镇的标志性建筑之一。在这边陲小镇，为什么会有这么多抒情的邻水建筑？

和顺，与许多南方村镇一样，地少人多。在农耕社会的过去，这是一道无法逾越的屏障。地处边陲的和顺，与内地相隔千山万水，逼迫着人们只能往外走！所以，和顺的青年男子只能"穷走异方急走厂"。"异方"即夷方，指的是缅甸、印度、巴基斯坦、东南亚，"厂"指的是缅甸北部的矿上。和顺的青年男子，别妻离子，辞别乡亲父老，踏上了漫漫的淘金路。很多出去的人，再也没有音信；也有的，历经磨难，苦尽甘来，功成名就。这些成功的人士，想到了家乡奉亲乳子的妻子，就为她建一座"洗衣亭"吧。光耀祖庭，造福乡梓。这是妻子的辛劳，也是丈夫成功的标志，还是乡里乡亲遮风避雨的公益设施。专属又开放，好大的荣光。这是外人容易看到的风光，隐藏后面的却是和顺女人"偎枕风萧雨又凄，梦郎归自瓦城西"的艰辛和酸楚。

在乡间文人撰写的一篇长文《阳温墩小引》中写道："往瓦城（缅甸曼德勒），纵不久，也在数秋。你父母，虽有了，如同不有。你的妻，望与你，百年相守。谁知道，似孤寡，独卧孤愁。"妻小在家的苦守，男人在外的闯荡拼搏，或许最终能换来家财万贯。《阳温墩小引》又谆谆告诫道："做好人，自然有，上天庇佑。行好事，自然有，天地鸿麻。""得了利，莫深贪，即当回手。切不可，心不足，不知回头。""住得了，三四年，即便回首。回家来，娶妻子，在家营谋。"正是如此，这些走夷方的男人，无论在异乡多么功成名就，始终难以忘却的，还是阳温墩山水中的故土乡亲。村中那些宏伟的宗祠、图书馆、大宅和洗衣亭，以及整齐的石板路，都是这种情感的深深凝结和具体表达。

和顺洗衣亭

和顺的建筑之中，已是浓厚的文化和情感的传承。它把对妻儿和亲人的情感，已经扩展到乡亲和故土。也从个人荣辱经历的反思和检视，上升到对人生之道的思考和求索。"自古道，富与贵，眼前花柳。再加之，不义者，一似云浮。想人生，气和运，有好有丑。财本是，公众物，有散有收。你有如，留下那，银钱田亩。何不如，积些德，世代不休。世间事，原不假，概不虚谬。只有是，行好事，万古千秋。"

湿地，现在被公认为"地球之肾"。这是地球上生态系统中非常重要的一环，也是许多生物的天堂。在云南腾冲的北郊，有一块数平方公里的水面，被当地人称作"北海"。那里始终生长着一块巨大的草甸。水面与草甸，随着季节的变化而变化。水，滋养着草甸慢慢生长，使之像一块巨大的绿毯伸展在水面上，妖娆多姿，春天百花盛开，如同仙境；夏季，百鸟争鸣，生机无限。草甸，又像一个巨大的过滤器和净化器，涤荡污秽、吸附尘埃，还湖水以洁净和健康。草甸非常厚实，可以耕田，可以建造木屋。周围的各族百姓，视北海和草甸是家乡青山绿水的保护神，早早就定下乡规民约：不围海造田、不过度放牧、不涸泽

湿地是「地球之肾」，为人类提供多种资源和舒适生态的生存环境

而渔，世世代代都要保护这块纯净的草甸，以呵护他们的家园，滋养子孙后代。湿地具有海绵的功能，具有巨大的水资源调蓄能力，为大自然的水系提供支持和控制，它的重要性正越来越被人们了解。湿地有许多类型，像红军爬雪山过草地经过的四川阿坝的若尔盖草地，就是世界上最大的一片泥炭性湿地，形成年代在 2500 年以上，被称为"人类活动的禁区"。泥炭的蓄水能力非常强大，最大的可以达到自身重量的 8 倍以上，最少的也有 2 倍！泥炭看着像泥，其实是大自然的沉积物，一年只生长 1 毫米。它非常干净，放在口中，也不会伤害人体。

● 白龙江畔郎木寺

甘南很大，它实际上是甘肃西南部的一个州，是一个以藏民族为主体的多民族聚居区。从地理位置看，它地处号称"世界屋脊"的青藏高原的东北部边缘，西界青海，南临四川，东南与黄土高原相接，自古为西羌居地。

白龙江，嘉陵江支流，其流域两岸聚居着藏族、汉族、蒙古族等多个民族

冶木河贯穿冶力关森林公园全区，自西向东流入洮河。地质构造复杂，地貌奇特。冶木河上游地势平缓，有牧草丰茂的天然牧场，也有地势陡峭、沟深谷窄的连珠峡。下游以林海苍茫、清溪潆洄、曲径通幽的沟壑为主。连珠峡壁立千仞、奇峰林立、古树盘岩、虬枝倒挂，千姿百态。

郎木寺，是甘南藏族自治州碌曲县下辖的一个小镇。一条小溪从镇中流过，小溪虽然宽不足 2 米，却有一个很气派的名字"白龙江"，如按藏文意译作"白水河"。小溪的北岸是郎木寺，南岸属于四川若尔盖县，甘肃的"安多达仓郎木寺"和四川的"格尔底寺"就在这里隔"江"相望。一条小溪分界又连接了两个省，融合了藏、回两个和平共处的民族；喇嘛寺院、清真寺各据一方；晒大佛，做礼拜，小溪两边的人们各自用不同的方式传达着对信仰的执著。

草原的夏秋，碧草连天。坐落在大夏河畔的拉卜楞寺以其雄伟壮丽的建筑、奇异的佛教艺术瑰宝和盛大的佛事活动，吸引着虔诚的信徒和中外游客。当骑着骏马在草原上

图说水与衣食住行

飞驰，当骑着牦牛在大夏河畔徜徉，可以饱览"天苍苍，地茫茫，风吹草低见牛羊"的壮美景色。夜晚，围着草原上燃起的篝火，与藏族同胞手拉手翩翩起舞，将会留下永生难忘的欢乐。

● 河南沁阳丹河两岸村落

丹河，黄河的一条不知名的支流。它位于河南沁阳和博爱之间，从太行山南段的崇山峻岭中奔流而出。这里也是羊肠古坂所在，它是古代链接北方平原和山西黄土高原的18条孔道之一，据说是杨六郎征辽时期兴建的古代军寨，至今还屹立在丹河西岸的山巅之上。丹河两岸，有许多美丽宁静的村庄，名字从"一渡"排到"九渡"。今天，渡口已经不好找了，但是水磨、水锥依然随处可见。

丹河峡谷

● 古宋河畔老子故里

豫东平原，远非富足，小小宋河，并无名望，只是因为一位伟大的先贤诞生于此，人们提及宋河依然肃然起敬。公元前571年，著名的思想家、政治家、哲学家、道家鼻祖老子李耳（老聃）诞生在苦赖乡曲仁里（今鹿邑县太清宫镇）。

李唐时期，唐王朝确认老子为先祖，追封为乾元皇帝。并在老子出生地兴建观庙和行宫（即太清宫、洞霄宫），作为每年朝廷祭祀老子之用。又将老子生地追封为道德真源、天尊仙源。宋初著名学者、道家修士陈抟，均诞生在这里。太清宫、老君台等纪念老子的文物古迹保存完好。老子的思想和著述历经千年，仍不失深度与远见，它已成为人类共有的思想和文化财富。

鹿邑公祭老子

老子的故里并没有什么名产和特产，却有一些风格别致的小吃可以调剂下胃口。它们带有扑面而来的乡土气息。鹿邑妈糊以地产黄豆、小米，浸泡膨胀后磨碎为沫，取汁煮成。色白如乳，细腻无渣，滑润如脂，香甜爽口，不亚乳汁，故名妈糊（俗指奶水）。饮时佐以咸面黄豆。饮后碗净如洗者为上品，不净者则必有玉米掺入，其味不佳。旧时城内以周家妈糊为上。

鹿邑娃娃鱼粉丝汤爽口凉滑，虽然一碗才卖几块钱，但开着宝马车去吃的却大有人在。

待涡河疏浚通航、许昌至亳州铁路完工后，古老的鹿邑也许能走出寂寞，走向四方。

● 辉县百泉

百泉景区位于市区西北 2.5 公里处，为河南省重点文物保护单位，素以秀水青山、古迹名胜享誉中州。百泉风景趣在泉水，美在苏门，兴在名胜。百泉因百泉湖而命名。它远溯于三皇时期，盛名于殷商时代。在我国的第一部诗歌总集《诗经》中，劳动人民就已由衷地唱出了赞美百泉的诗句。历经劳动人民的整修、改造，百泉成为中原地区著名的古典园林，大大小小、各种类型的古建筑达 90 多处，其建筑风格既有南方的小巧玲珑、清新秀丽，又有北方的雄伟壮观、富丽堂皇，集南北方建筑艺术为一身，加上美丽的自然山水，被人誉为"中州颐和园""北国小西湖"。

● 登封名胜石淙会饮

在广袤的中原大地登封小县，有一条不知名的小河——石淙河。在唐代，这里曾演绎一段生动的文学故事。武则天在登封石淙河畔邀请文人雅士写诗做赋，乐文助兴，并且摩崖题记，留下佳话。

"赫赫天中王，巍巍踞中州。"位于九州和五岳之中的嵩山，北依黄河，南临颍水，历代帝王常到这里巡游、封禅，文人墨客足迹也遍及嵩山的各处名胜，于是留下了丰富的文物古迹。

东都洛阳与中岳嵩山近在咫尺，嵩山封禅自然成为武则天施展政治抱负的表现形式之一。垂拱四年（668 年），武则天改岳山为神岳，尊嵩山神为天中王，并在天册万岁二年（696 年）亲行登封之礼。礼毕，改嵩阳县为登封县、阳城县为告成县。位于嵩山南麓（今登封市告成镇东）约 3 公里处的石淙，是武则天多次巡游之地。地处玉女台下的石淙涧，两崖石壁高耸，险峻如削，怪古嶙峋多姿，大小别致。涧中有巨石，两崖多洞穴，水击石响，淙淙有声，故名"石淙"，又有"水营山阵""天中胜景"之称。久视元年（700年），武则天在登封县东南的石淙水边建三阳宫，并率皇太子颖（唐中宗）、相王旦（唐睿宗）、梁王武三思等许多贵族显臣，到石淙河游历，并设宴于一巨石之上。周围有仕女起舞、鼓乐相助，人称"石淙会饮"。设宴的石头被称为"乐台"，其北临水的岸壁上刻有武则天与群臣17人的诗作，被称为摩崖碑。武则天在《夏日游石淙诗并序》中写道："三山十洞光玄篆，玉峤金峦镇紫微。均露均霜标胜壤，交风交雨列皇畿。万仞高崖藏日色，千寻幽涧浴云衣。且驻欢筵尝仁智，雕鞍薄晚杂尘飞。"之后，武则天命大书法家薛曜书写，让工匠刻于崖壁上。"石淙河摩崖题记"为河南省最大的摩崖碑刻，"石淙会饮"处也就成为中岳嵩山的名景之一，又称为登封古代八大景之一。

现在，当地作家协会定期举办的石淙诗会在"石淙会饮"风景区举行。来自郑州、新密、登封等地的嵩山文化研究学者和诗人会聚于"石淙会饮"处，吟诗诵词，抒发情怀。"石淙会饮"习俗已申报国家级非物质文化遗产。

● 嘉兴桐乡乌镇

在烟雨蒙蒙的江南水乡，有许多如诗如歌、似梦似幻的古村古镇。在浙江北部杭州湾畔的嘉兴桐乡，有一座知名小镇——乌镇。

古镇，一定要有老街的。乌镇的老街，是双重的。既有路上的街衢，还有宽敞通畅的水街，两边的长廊、平台、码头、驳岸，鳞次栉比，蔚为壮观。乌镇的繁荣，在这水陆双街的融通交汇中，处处得以彰显。

乌镇的内部分为4个区域，向四面延伸。当地称作东栅、西栅、南栅、北栅。所谓的栅，就是水上的栅栏门，像城门一样，控制着区域，以保土安民。

现在的东栅，是一个原生态的古镇风貌区。除了几处各具特色的景点外，一切都显

浙江乌镇
因水而秀

得古朴自然，保留着原有的风貌，这也许就是当地人们代代相传的故土乡情和精神家园。几乎每户人家，在临河的水上，都会建造一间小房子，称作"水阁"，异常亲切温馨。撑开不大的木窗，就可以看到对面的邻居，就可以观望小桥上发生的故事。伸出手来，可以掬起一捧家乡的清水。人与水的生活，可以这样如此的亲近。

西栅，已经被整理成一个与时隔绝的世外桃源。当你乘坐木船，摆渡到这里的时候，你不知道自己是到了过去，还是穿越到了未来。一切是古老的样子，内涵确实新的。当你进到一个朴实素雅的小房子里，却是现代化舒适的客房或者是情调特别的酒吧，在等着你！处处可见的水道、拱桥、亭阁、古塔、园林、长廊、楼台，让你忘却现实的烦恼和浮躁，放下心来，感受梦境中的真切带给你的平静和激动。白天的西栅是清新的，灰色的氛围格调能让你平静下来。夜晚的西栅是多姿的，璀璨的灯光和尽情地放松让你流连忘返。很多人来了就要住下来。西栅的梦幻带来惊奇，这种意外，让许多人心跳。许多艺术家和文人墨客，已经在这里安营扎寨。

南栅，在几年前依然保持着原貌：破旧、混乱、衰败和没落。其实，这才是许多古村古镇的现状。它的困顿，让你扼腕疼惜。它也让人思考：这些被随意处置的传统遗产，能不能在我们这代人手中，得到保护和承续？

北栅，与江苏的吴江县相邻，位于二省三府交界处。三府就是嘉兴府、苏州府、湖州府，边界线是一条古运河。河上有一座桥，称"太史桥"。一直以来，北栅就不怎么繁荣，落后于东、西、南栅。现在的北栅，旧建筑有的被拆，有的则被现代的新建筑取代，比起其他三栅，古韵已所剩无几。

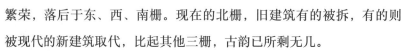

● 贾鲁河畔朱仙镇

朱仙镇自唐宋以来，一直是水陆交通要道和商埠之地。到明末，朱仙镇已与广东的佛山镇、江西的景德镇、湖北的汉口镇，并称为全国四大名镇。明末清初是朱仙镇最繁盛的时期，当时该镇民商有 4 万余户，人口达 20 多万人。

境内有中国三大岳庙之一的朱仙镇岳飞庙、中国木版年画鼻祖朱仙镇木版年画、建

朱仙镇坐落于贾鲁河畔，历史悠久，明清时期兴盛一时

筑风格堪称东亚第一大清真寺的朱仙镇清真寺、古城遗址等名胜古迹。

朱仙镇的著名小吃是五香豆腐干，原名"五香茶干"，选用开封优质黄豆、古泉水为原料，质地细密，口感弹滑，清香可口，营养丰富。相传最初为战国时齐国的名产，由齐宣王赐名，唐朝时传入朱仙镇，后常作为贡品向唐朝皇帝进贡。明末以后，由朱仙镇王姓"玉棠号"继续制作，至今已祖传十余代，久盛不衰。

如今的朱仙镇老态龙钟，显然已经衰落了，但随着贾鲁河水系的整治，朱仙镇将会再次踏上水镇的复兴之路。

● 伊洛河畔的康百万庄园

康百万庄园又名河洛康家，是全国重点文物保护单位，国家AAAA级旅游景区，位于河南省郑州市巩义市（原巩县）康店镇，始建于明末清初。

康氏家族前后12代人在这个庄园生活，跨越了明、清和民国3个时期，共计400余年，庄园也从最初的山腰建至山顶。庄园是典型的17至18世纪封建堡垒式建筑，背依邙山，面临洛水，因而有"金龟探水"的美称，是全国三大庄园（康百万庄园、刘文彩庄园、牟二黑庄园）之一，又与山西晋中乔家大院、河南安阳马氏庄园并称"中原三大官宅"，被誉为豫商精神家园、中原古建典范。

康百万庄园复原模型

康家的船行六河（洛河、黄河、运河、泾河、渭河、沂河），后人说康家的船达3000条；他的土地商铺遍及附近鲁、陕、豫三省的8个县，达18万亩，在1773年和1847年分别收到了来自清廷和同乡送给的"良田千顷"的牌匾，民间还有"头枕泾阳、西安，脚踏临沂、济南，马跑千里不吃别家草，人行千里尽是康家田"的顺口溜，康氏家族一度富甲三省，人称"百万富翁"。

1900年，八国联军入侵北京，慈禧太后带光绪于次年逃离北京前往西安，后又返京，路过巩义康店镇时，被称为"豫商第一人"的康家掌柜康鸿猷雪中送炭，向清政府捐资

100万银两。慈禧太后慨叹:没承想,这山沟里还有百万之家!为表彰康家为国分忧的忠诚,亲笔题字勉励,封赏官职,并赐"康百万"的封号。

康百万家族,以财取天下之抱负,利逐四海之气概,秉诚诚实、守信、勤俭、拼搏的原则,保持儒家中庸、留余的处世态度,大胆开拓、勇于创新,富裕12代、400多年,成为豫商的典范。

● 山西碛口古镇

在山西吕梁山中的黄河边上,坐落着一座古镇,这座古镇的名字叫碛口。历史上的碛口,依傍着黄河的滔滔巨浪把自己的声名推向下游,游向四方。

碛口古镇的街道、店铺是清代山区传统建筑的典范。主街道顺着卧虎山,从东开始,沿湫水河西去,再逆黄河北上,时曲时折。古镇后街只有200余米,却转了18道弯,这些建筑完全依地形而建,街道都用石头铺砌。在主街道南有二道街、三道街,一条比一条短,形成了梯形的建筑格局。据记载,碛口店铺大规模修建是从清乾隆年间开始的,道光年间,全镇已有店铺60余个,到民国5年(1916年),店铺林立。1999年,山西省政府命名碛口为风景名胜旅游区。

● 古水源头济源

济源,因济水发源地而得名(古时济水与黄河、淮河、长江并称"四渎")。济南、济源都是古代济水留下的地名。可惜,后来,黄河占用了济水的河道。济水就成了一个历史性河流。

济源传说是愚公的故乡。早在旧石器时代末期和新石器时代早期(距今1万年前),人类就已在此繁衍生息。这里曾是夏王朝的都城"原",战国至两汉时期"轵邑"以富庶闻名天下。济源曾为夏朝之都城,春秋战国时期为轵邑,为韩都,自隋朝设县,距今已有1396年的历史。其中全国重点文物保护单位6处(济渎庙、奉仙观、大明寺、延庆寺舍利塔、阳台宫、轵国故城）、河南省文物保护单位 12 处（庙街遗址、关帝庙、栗树沟遗址、沁河古栈道、五龙口水利设施、迎恩宫、盘谷寺、静林寺、二仙庙、清虚宫、沁园遗址、南姚汤帝庙和关帝庙），市级文保单位 93 处。在所有的文物遗存中，古代木结构建筑所占比例较大，共计约有宋、金、元、明、清各代建筑 190 余座 600 余间，且许多单体建筑无论是从规模、价值还是结构来说，在全省都是首屈一指的，如济渎庙的寝宫（宋开宝年间）、清源洞府门（明）、奉仙观的三清大殿（金大定年间）、大明寺的中佛殿（元至元年间）、阳台宫的大罗三境殿（明）、玉皇阁（清）等。因此，著名古建专家罗哲文先生赞誉济源为"中原地区古代建筑的系列博物馆"。

● 珠江之畔唐家湾

唐家湾镇位于珠海香洲区北部，北邻中山市。著名的京珠高速的珠海出口就设在唐家湾镇下栅附近，这是珠海市北门户的交通枢纽。

唐家湾镇素有"中国近代名人故里""南中国海海防重镇""广东著名买办之乡""岭南百年古邑""侨民之乡"之美誉。清末民初，得风气之先，唐家湾名人辈出，其中有中华民国第一任内阁总理唐绍仪，清华大学第一任校长唐国安，洋务运动先驱唐廷枢，中国共产党早期领导人、工人运动领袖苏兆征，粤剧编剧泰斗唐涤生，著名画家古元等英才俊彦，灿若群星，光耀近代。众多的历史名人与历

珠海唐家湾镇

史文化名镇交相辉映，形成了唐家共乐园、唐家三庙、淇澳白石街等闻名遐迩的名胜古迹。

唐家湾古镇核心保护区历史建筑面积 3.4 万平方米，在流动性很强的沿海古镇，像唐家湾五堡这样具有 600 年的定居点，在岭南颇为罕见，体现了中西、古今、江南与岭南、农业与海洋等文化的融合，其历史文化价值统揽了文化的政治型、军事型、革命历史型、建筑遗产型、民族特色型等多种特色。

唐家湾镇的闻名于世是从近代开始的。鸦片战争前夕，为阻止英国人从金星门偷运

鸦片，广东水师提督李增率大军驻唐家湾，指挥运载沙石堵塞金星门，因水流湍急未果。继后，邑人轮船招商局总办唐廷枢在这里开辟了唐家湾至香港、上海航线，使唐家湾得风气之先。所以，在19世纪美国绘制的世界地图，就注有唐家湾的地名。在太平天国起义期间，唐家湾曾一度聚集过太平军大小船只200艘。孙中山先生在1895年组织第一次广州起义失败后，也曾连夜乘舟至唐家湾躲藏，经当地友人唐雄协助，化装潜避澳门。辛亥革命胜利后，孙中山对唐家湾十分重视，他在《建国方略》一书中，详细分析了唐家湾水域情况，提出整治计划；他认为唐家湾是广东第二重门户，要"设置要塞，藉固吾圉"，派海军司令程璧光来唐家湾筹建军港。

1929年，当时的国民政府为了示范"三民主义""五权宪法"在一个县域如何施行，同时兴建一个国际无税商港"中山港"，便命名中山县为"全国模范县"，直属中央政府，享受省一级待遇，并由邑人唐绍仪主持县政。由于唐绍仪的声望和开发唐家湾港的需要，县政府从石岐迁来唐家湾；而在新绘制的"中山县全图"中将俗称的"唐家环"改称为"唐家湾"。之后5年间，唐家湾建起了一座初具规模的港口——中山港，再次举世瞩目。

● 汝河岸边汝南府

在河南的中部有一条东西流向的河流，是淮河的一条重要支流，沿岸有汝阳、临汝、汝南等地。汝南在历史上留下了不少典故。

千百年来，汝南造就了众多文治武功、彪炳史册的名人贤士，如东汉著名文学家、《说文解字》作者许慎，东汉名扬天下的"鸡黍之会"的张邵，三国时期的东吴大将、斩杀关羽的吕蒙，中唐时期毒死叛臣李希烈的巾帼英雄窦桂娘等。明代更是人才辈出，仅万历年间汝南就出了51名进士，时有"汝半朝"之称。汝南还是英杰荟萃之地：蜀主刘备奔汝南领豫州牧；北魏孝文帝率军南征，在汝南会宴群臣；唐朝重臣、大政治家、书法家颜真卿为招降李希烈，被扣于汝南城北龙兴寺，最后壮烈殉国，建国时汝

图说水与衣食住行

汝南宿鸭湖晚景

南尚存鲁公庙；宋代欧阳修在蔡州任知州，度过了他最后一个任期；秦观来此写下了《汝水漫记》；苏轼下黄州途经汝南，留下了"淮西功绩冠吾唐，吏部文章日月光"的诗篇。

鹅鸭池，位于城北1公里处，天中山之南、汝上公路东侧，原面积18亩之多，系历代筑堤取土之地，常年积水为池。池四周杂草丛生，为鹅鸭栖食之所，唐代以前称悬瓠池。唐末，吴元济叛唐，唐宪宗元和十一年（816年），宰相裴度率李愬等讨伐。次年冬，李愬率兵夜袭蔡州（今汝南城），至鹅鸭池，令击鹅鸭以乱军声，攻下内城，活捉吴元济。建国前，曾立碑于此，上书"唐李愬雪夜击鹅鸭处"9个字，可惜现已不存。

宿鸭湖，亚洲最大的平原水库，1958年始建，位于汝南县城西6公里。水库大坝全长35.29公里，高58米，挡防浪墙长0.5米，坝顶宽4米至7米，拦蓄板桥、薄山水库等上游来水，蓄水面积239平方公里，常年水面11万亩。

中国古代四大民间传说之一的《梁山伯与祝英台》出自西晋时期的汝南马乡镇（今梁祝镇），汝南留存着与这一传说有关的大量遗址，现有梁祝墓、梁庄、祝庄、马庄、红罗山书院、鸳鸯池、十八里相送故道、曹桥（草桥）及梁祝师父葬地邹佟墓等。

2006年6月，汝南"梁祝传说"被列入首批国家级非物质文化遗产名录。"梁祝传说"是中国最具魅力的口头传承艺术，也是唯一在世界上产生广泛影响的中国汉族民间传说。

● 淮阳太昊陵与城湖

如果说一座小城因为有浩大的城湖而有了灵性，因为一座象征性的陵墓而风光一片，那它还是值得被记住的。这座小城，就是河南的淮阳。

据传原始社会时期，淮阳为太昊伏羲氏和神农氏之都。淮阳县城被国家旅游局定为"全国寻根朝祖旅游线"。太昊陵位于河南省淮阳县，传说是"人祖"伏羲氏即太昊定都和长眠的地方。太昊陵包括太昊伏羲氏陵和为祭祀他而修建的陵庙，是中国著名的三陵——太昊陵、黄帝陵、大

水城淮阳

禹陵之一。2008 年，因超过 82 万人次赴太昊陵庙会祭拜，创下了上海大世界吉尼斯"单日参与人数最多的庙会"的世界纪录。太昊伏羲陵庙会会期长，影响大，香火极旺，保存着许多古老民俗。

泥泥狗，又叫陵狗，是太昊伏羲陵泥玩具的总称。因它是为纪念伏羲女娲抟土造人育万物而制作的，又为淮阳太昊陵所独有，所以被誉为"天下第一狗"。泥泥狗用淤泥捏制，全涂黑底，然后用红、黄、白、绿、粉红五色，绘以点线结构的图案，有楚漆器文化的格调，又像绳纹、方格纹、古陶器的画法。它造型浑厚古朴，似拙实巧，墨底彩绘，艳而不俗。每个泥泥狗都有孔可吹，音韵浑厚。

泥泥狗的来历源于伏羲、女娲抟土造人的传说：伏羲生活的时代，人烟本来就很稀少，一日，天塌地陷，世界上只剩下伏羲、女娲兄妹二人。为了繁衍人类，兄妹只得求上天做媒，最后他们结成了夫妻。他们嫌自己生育太慢，就用泥捏制泥人。这些泥人晒干后，都能走动、说话、变成了人。充满乡土气息和生命张力的泥泥狗，被称为原始文化的活化石。

太昊陵泥泥狗

淮阳东湖自然风景区水面 7000 余亩，碧波荡漾，蒲苇婆娑，荷花飘香，鸟鸣鱼跃，水草千姿百态，水葫芦花随风摇曳。由于良好的生态保护，至今仍保持着西周时期原始的自然风貌，在这里可以领略到 3000 多年前生态文化的绚丽多姿。

正因为这些深厚的历史文化资源，小小的淮阳被国家旅游局纳入"全国寻根朝祖旅游线"。

水与城市

城墙和护城河成为中国古代城市的标志。其主要功能一是划分城市的界限，二是抵御外敌入侵。如今，城墙与护城河已成为城市的一道独特的历史景观，无声地诉说着一座城市的变迁。

● 胡同——北京特有的文化符号

北京城的居住单元是四合院，把四合院串联在一起的就是胡同。四合院与胡同就是京城百姓的基本生活元素。胡同，据说是来自蒙语

北京胡同

"水井"，早在元大都规划兴建的时候，就构成了这座都市的交通脉络，一直影响到今天，并形成北京特有的胡同文化。据说北京光有名有姓的胡同就有上千条。不过，随着城市的拆迁改造，北京的不少胡同已经消失在了林立的高楼大厦之间。胡同与青砖、灰瓦等北京特有的文化元素、承载着北京这座古老城市的文化，也寄托着老北京人那种难以割舍的深深眷恋。

● 水井坊——成都城市文化标志

水井坊位于成都老东门大桥外，是一座元、明、清三代川酒老烧坊的遗址。2000 年被国家文物局评为 1999 年度全国十大考古发现之一，2001 年 6 月 25 日，由国务院公布为全国重点文物保护单位。以后又被载入大世界吉尼斯之最，被称为"世界上最古老的酿酒作坊。"

水井坊遗址的发掘极大地丰富了中国传统酒文化研究的内容，填补了中国古代酒坊遗址、酿酒工艺等方面的考古空白。水井坊上起元末明初，历经明清，下至当今，呈"前店后坊"布局，延续 600 余年，从未间断生产，是我国现发现的古代酿酒作坊和酒肆的唯一实例，有力地佐证了明朝李时珍在《本草纲目》中"烧酒非古法也，自元时始创之"的观点。水井坊遗址是迄今为止最全面、最完整、最古老、最具有民族独创性的酒坊，作为中国白酒的源头，被誉为"中国白酒第一坊""中国白酒的一部无字史书"。

在水井坊窖泥中，科研人员分离出水井坊独有的特殊菌群，正是这些特有的菌群，赋予了水井坊的极品香型。

● 白沙古井——长沙城市印记

白沙井位于长沙城南的回龙山下西侧、天心阁东南方约 1 公里处，自古以来为江南名泉之一。泉水从井底汨汨涌出，清澈透明，甘甜可口，四季不断。白沙古井始凿于何时，已无法考证。明代以前的长沙地方史志俱已散佚，所剩明崇祯十二年（1639 年）刊印的《长沙府志》即载："白沙井，县（指善化县）东南二里，井仅尺许，清香甘美，通城官员汲之不绝，长沙第一泉。"更有民谣称："无锡锡山山无锡，平湖湖水水平湖，常德德山山有德，长沙沙水水无沙。"

清乾隆年间，进士旷敏本、优贡张九思曾作有《白沙井记》《白沙泉记》，盛称其泉"清香甘美，夏凉而冬温""流而不盈，挹而不匮"，甚至将之与天下名泉济南趵突泉、贵阳漏突泉和无锡惠山泉媲美。自明清以来，长沙人世世代代饮用此水，前来取水者络绎不绝，即使西城区、北城区一带的居民也挑桶而来，"竟日暮而不一息。"更有不少穷苦人家汲水于此，担卖全城，赖以为生。清末以后，挑卖沙水者多居于井旁，白沙井一带生意日繁，遂形成白沙街。白沙古井可说是长沙生命之泉。

清光绪年间，善化知县曾在井后立碑，"出示晓谕"，将白沙井划为官井、民井，并订立用水章程。民国初年，又有军阀在井旁立一"告示"碑，刻有"照得白沙井水，四井界限分明，卖水吃水各井，官井专供官军"等语。1950 年，长沙市人民政府为保护古井，特拨款维修古井，建立石栏，铺砌地面，使白沙古井成为长沙解放后最早得到修复的名胜古迹。

● 秦淮河——南京六朝繁华缩影

秦淮河是南京古老文明的摇篮，南京的母亲河，历史上极负盛名。这里素为"六朝烟月之区，金粉荟萃之所"，更兼十代繁华之地，"衣冠文物，盛于江南；文采风流，甲于海内"，被称为"中国第一历史文化名河"。

南京秦淮河

从东水关至西水关的沿河两岸，东吴以来一直是繁华的商业区。六朝时成为名门望族聚居之地，商贾云集，文人荟萃，儒学鼎盛。宋代开始成为江南文化的中心。明代是十里秦淮的鼎盛时期。明太祖朱元璋下令元宵节时在秦淮河上燃放小灯万盏，秦淮两岸，华灯灿烂，金粉楼台，鳞次栉比，画舫凌波。明末清初，秦淮八艳的事迹更是脍炙人口。秦淮的鼎盛时期，富贾云集，青楼林立，画舫凌波，成江南佳丽之地。

在清代江南贡院考区高中状元者达 58 名，占清代状元总数的 52%。明清两代名人，吴承恩、唐伯虎、郑板桥、吴敬梓、翁同龢、张謇等均出于此。

内秦淮过九龙桥直向西，由东水关进入南京城，向西流至淮清桥与青溪会合，再向西南在利涉桥汇小运河，再经文德桥、武定桥、镇淮桥转折向西北，过新桥至上浮桥、陡门桥，与运渎水会合，再过下浮桥，向西经过夫子庙，从西水关出城。在南京城中，内秦淮是最繁华之地，被称为"十里秦淮"。

1985 年以后，江苏省、南京市拨出巨款对秦淮水域进行修复，秦淮河又再度成为我国著名的游览胜地。

● 珠江黄埔岛——近代历史事件集聚地

广州，华南第一大都会，无尽繁华，难以尽数。浩浩汤汤的珠江绕城而过，给它带来财富、丰饶和便利的同时，也造就了许多岛屿和沙洲。其中一个叫做黄埔的小岛，与中国的近现代史结下了深厚的交集。

黄埔军校，全名为中国国民党陆军军官学校，是近代中国最著名的一所军事学校，培养了许多在抗日战争和国共内战中闻名的指挥官，第一次国共合作时期就兴办了六期。

黄埔岛又称长洲岛，位于珠江中央，四面环水，环境幽静。岛内筑有多处炮台，与鱼珠炮台、沙路炮台形成三足鼎立之势，能把守控制江面，易守难攻，便于学习与练武；由于当时滇、桂军阀盘踞广州，为避开军阀的控制和干扰，需选择交通不便，远离市区的地方；还有岛上有清陆军小学堂的校舍，略加修葺，即可使用，还可节省人力和资金。因此孙中山决定把军校设在长洲岛上。

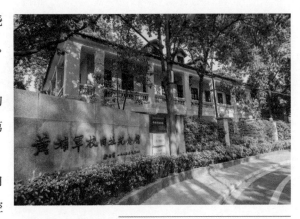

广州黄埔岛黄埔军校旧址

军校大门坐南向北，面临珠江，在牌坊门额上书有白底黑字的"陆军军官学校"横匾，是国民党元老谭延闿的手笔。门前有两个哨岗，后面的两间房子是卫兵室。黄埔军校建立时，门口一副对联曰：升官发财请往他处，贪生畏死勿入斯门。横批：革命者来。

大门内正面有一幢走马楼，称为校本部。校本部是一座岭南祠堂式四合院建筑，两层砖木结构，三路四进，即三条主要建筑轴线，四排房舍。但 1938 年在抗日战争中遭日本战机炸毁。1996 年 5 月初，广州市政府耗资 2000 多万重建，于同年 11 月 12 日落成。

1983 年在中共中央与邓小平的亲切关怀下，决定重新成立黄埔军校同学会。1984 年 6 月 16 日，黄埔军校同学会在纪念母校 60 周年华诞之日宣告成立，影响波及海内外。

● 长江与汉水的杰作——武汉三镇

武汉位于中国腹地中心、长江与汉江交汇处、江汉平原东部。世界第三大河长江及其最大支流汉江横贯市区，将武汉一分为三，形成武昌、汉口、汉阳跨江鼎立的格局。唐朝诗人李白在此写下了"黄鹤楼中吹玉笛，江城五月落梅花"，因此武汉自古又称"江城"。

长江及其支流汉江，造就了繁华兴盛的武汉

水运之便促使汉口商业及转口贸易日益繁盛，明万历时汉口镇（商业中心）与景德镇（瓷器）、佛山镇（手工业）、朱仙镇（版画）并称全国四大名镇。当时汉口货物山积，居民填溢，商贾辐辏，成为全国性水陆交通枢纽和中国内河最大港口。故有"货到汉口活"一说，有"十里帆樯依市立，万家灯火彻夜明"（吴琪诗）状其景，享有"楚中第一繁盛处"美誉。

武汉现有大小湖泊 166 个，被称为"百湖之市"，在正常水位时，湖泊水面面积 803.17 平方公里，居中国城市首位。东湖是中国最大最美的城中湖（水域面积达 132.37 平方公里），梁子湖是全国生态保护最好的两个内陆湖泊之一。武汉湿地资源居全球内陆城市前三位。截至 2010 年，武汉市湿地面积 3358.35 平方公里，占全市国土面积的 39.54%，其中天然湿地面积 1561.86 平方公里，人工湿地面积 1796.49 平方公里，享有"湿地之城"的美誉。

武汉轮渡的历史长达 106 年，有 38 座码头，48 艘机动船舶，往来于三镇间的轮渡线路多达 18 条。轮渡鼎盛期年客运量达 1.6 亿人次，最高日载客量达 30 万人次。

● 长江上游的重镇——重庆

重庆，简称巴、渝，别称巴渝、山城、雾都、渝都、桥都、江城。长江和嘉陵江在这里交汇，奠定了其在长江上游和西南地区无可替代的区位优势。

巍峨的高山，深切的峡谷，承载着重庆3000年的文明史。重庆以其巨大的凝聚力和辐射力，成为古代区域性的军事政治中心和重要的商业物资集散地，历经千载而不衰，从容吐纳万物，化育生机。近百年来，重庆又经历了因商而兴、内迁而盛、改革腾飞的发展道路，从一个古代军事要隘，发展成为开放的、连接我国中西部的战略枢纽；从古代的区域商贸中心，发展成为长江上游的经济中心；从19世纪的单一型转口贸易城市，成长为中国西部最大的多功能的现代工商业城市；从位居四川盆地东部的港口城市，发展成为立足中国内陆、面向五洲四海的中央直辖市。

重庆的崛起，就是中国近现代从封闭落后走向开放复兴的生动写照和典型案例。

重庆位于长江和嘉陵江交汇处，地理位置优越

● 海陆据点——蓬莱水城

中国古代军港要塞——蓬莱水城位于蓬莱市区西北丹崖山东侧。宋朝在此建刀鱼寨，明朝在刀鱼寨的基础上修筑水城，总面积27万平方米，南宽北窄，呈不规则长方形，负山控海，形势险峻，设有水门、防浪堤、平浪台、码头、灯塔、城墙、敌台、炮台、护城河等海港建筑和防御性建筑，是国内现存最完整的古代水军基地。民族英雄戚继光曾在此训练水军，抗击倭寇，蓬莱水城由此而扬名海内外。

水城以土石混合砌筑而成，平面略呈长方形，周长2200米，仅开南北二门，南门是陆门，与陆路相通，北门为水门，由此出海。小海位居水城的正中，平面略呈窄长形，南北长655米，将城分成东西两半，是城内的主体建筑，占水面的1/2，用以停泊船舰、操练水师。明代最盛时，小海沿岸水榭遍布，歌乐之声，通宵达旦，盛况空前。水城内外还建有码头、平浪台、防浪坝、水师营地、灯楼、炮台、敌台、水闸、护城河等军事

蓬莱水城，保存最完整的古代水军基地

设施，形成了严密的海上防御体系，在中国海港建筑史上占有极其重要的地位。

水城的港湾俗称小海，居城中，呈长袋形，是水城的主体，为操练水师与泊船之所，宽度平均约 100 米，南北长 655 米。水深随潮汐而变，最低时约 3 米多。平浪台，迎水门而立，外设防波堤，长约 80 米。小海沿岸以块石砌筑码头，宽 5 米至 10 米，供船只停靠。航海灯楼为清同治七年（1868 年）增筑，1958 年重修，砖石结构，六角，尖顶，高 11.6 米，内设扶梯可供攀登，上设灯亭以为导航。灯楼高踞丹崖山上，临崖修筑，拔壁参天，今仍可实用。

● 海上丝绸之路的起点——泉州

中国东亚文化之都、海上丝绸之路起点——泉州，简称鲤，别名鲤城、刺桐城、温陵，是闻名海内外的国际花园城市。泉州是中国东南沿海重要的商贸港口城市，泉州港是规模亿吨以上的重要大港。

泉州港口

泉州是联合国教科文组织设立的世界多元文化展示中心、世界宗教博物馆，是国家首批历史文化名城。泉州是中国著名的侨乡和台胞祖籍地，台湾的汉族同胞中约有一半的人口祖籍来自泉州，同时泉州也是闽南文化的发源地与发祥地，闽南文化保护的核心区与富集区，有"海滨邹鲁""光明之城"的美誉。泉州是中国海上丝绸之路的起点，宋元时期泉州港被中世纪旅行家马可波罗誉为"世界第一大港"，与埃及的亚历山大港齐名。

泉州迄今保留着大量的历史文明，保留着以闽南语、南戏、南音、南少林、南建筑为代表的五南文化遗产。主要的代表有汉族原生态曲艺"南音"、梨园戏、高甲戏、提线木偶、布袋戏等。

● 人间天堂——苏州

苏州，古称吴，简称苏，又称姑苏、平江等，位于江苏省东南部，即长江以南、太湖东岸的长江三角洲中部。

图说水与衣食住行

苏州以其独特的园林景观被誉为"中国园林之城",素有"人间天堂""东方威尼斯""东方水城"的美誉。苏州园林是中国私家园林的代表,被联合国教科文组织列为世界文化遗产。苏州城始建于公元前514年,历史学家顾颉刚先生经过考证,认为苏州城为中国现存最古老的城市之一。吴王阖闾元年（公元前514年）,吴王命前来投奔的楚国大臣伍子胥督造水陆双棋盘格局的城池,命名为"阖闾城"。城址至今未迁,距今已有2500多年的历史。苏州至今保留春秋时期的古迹和地名：盘门始建于春秋,后重建两次,是唯一保存完整的水陆城门；阊门又称"破楚门",公元前506年,这里是孙武、伍子胥等率吴军伐楚的出发地和凯旋地；胥门上曾悬挂过伍子胥的头颅；相门又称干将门,是干将设炉铸剑的地方。

今日苏州

苏州拥有中国第二大淡水湖太湖3/4的水域面积。苏州水网密布,土地肥沃,特产有碧螺春茶叶、长江刀鱼、太湖三白（白鱼、银鱼和白虾）、阳澄湖大闸蟹等。有宋以来有"苏湖熟,天下足"的美誉。自然、人文景观交相辉映,加之文人墨客题咏吟唱,使苏州成为名副其实的"人间天堂"。

苏州,还因为有运河而变得富有灵性,实现了"山、水、园、林、城、人"六位一体、和谐共生的愿望,描绘了一幅"万顷碧波绕枕过,百里山峦半入城,千亩良田润姑苏,三楔九廊间城廓"的溢美画卷。

运河与娄江在苏州交汇,水让苏州活了起来,流动起来,流通起来,是苏州活力的源头。于是,"山海所产之珍奇,外国所通之货贝,四方往来,千里之商贾,骈肩辐辏"（《皇朝经世文编》卷二三）；于是,"长安南下几程途,得到邗

苏州城内水网密布,城市因水而富有灵性

沟吊绿芜。渚畔鲈鱼舟上钓，羡君归老向东吴"（崔颢：《维扬送友还苏州》）。在苏州城外枫桥边上，一曲"姑苏城外寒山寺，夜半钟声到客船"，把苏州江南水乡秋夜幽美的景色诠释得淋漓尽致。天南海北的商贾精英、文人墨客云集苏州，同乡加同行的商人建立的会馆如雨后春笋遍布全城，最盛的清明时期全城有 170 多处会馆。

拙政园、沧浪亭、狮子林、退思园……遍布苏州城的园墅是一道文化奇观，它们在有限的空间里，以亭阁、山池、花木点缀，加以*潺潺流水*，动静结合，虚实相间，创造出"咫尺山林"的艺术境界。可以说，苏州园林是水的结晶，是在运河载来的繁荣的经济之树上开出的花朵，是翻卷的运河浪花凝固在一座城市里的绝美结晶。

● 南海双珠——香港与澳门

香港地处中国华南，位于中国南海之滨珠江口东侧，濒临南中国海，由香港岛、九龙半岛、新界（包括大屿山及 230 余个大小岛屿）组成，北隔深圳河与广东省深圳经济特区相接，西与澳门隔海相望，相距仅约 60 公里。

图说水与衣食住行

香港维多利亚港

1842—1997 年间，香港沦为英国殖民地。第二次世界大战后，香港经济和社会实现飞速发展，20 世纪 80 年代成为"亚洲四小龙"之一。香港有"东方之珠""购物天堂"的美誉，是全球人口密度最高的地区之一。1997 年 7 月 1 日，中国对香港恢复行使主权。

香港是中西方文化交融之地，是全球最安全、富裕、繁荣的地区之一，也是国际和亚太地区重要的航运枢纽和最具竞争力的城市之一。

关于香港的地名由来，有四种说法：

说法一：香港的得名与香料有关。宋元时期，香港在行政上隶属广东东莞。从明朝开始，香港岛南部的一个小港湾，为转运南粤香料的集散港，因转运产在广东东莞的香料而出名，被人们称为"香港"。据说那时香港转运的香料，质量上乘，被称为"海南珍奇"，不久这种香料被列为进贡皇帝的贡品，并造就了当时鼎盛的制香、运香业。后来香料的种植和转运逐渐息微，但香港这个名称却保留了下来。

说法二：香港是一个天然的港湾，附近有溪水甘香可口，海上往来的水手，经常到这里来取水饮用，久而久之，甘香的溪水出了名，这条小溪也就被称为"香江"，而香江入海冲积成的小港湾，也就开始被称为"香港"。有一批英国人登上香港岛时就是从这个港湾上岸的，所以他们也就用"香港"命名整个岛屿。直到今天，"香江"仍然是香港的别称。

说法三：因"香姑"而得名。据说，香姑是一位海盗的妻子，海盗死后，她就占据了这个小岛。久而久之，人们就把小岛以她的名字为名，称之为"香港"了。

说法四：因为一名叫陈群（"阿群"）的渔民，带领英国人从香港仔越山循此路至上环一带为英军开路，因而得名。她极有可能是一名疍家婆，因为路是阿群带的，所以就称之"阿群带路"了。英人即以疍音"HONGKONG"为记，便因而成为全岛的总称。这也成了香港名字由来的其中一说。

与香港相对应，在珠江口的西侧，是另一颗明珠——澳门。

1553年，葡萄牙人取得澳门居住权，并将此辟为殖民地。经过400多年欧洲文明的洗礼，东西方文化的融合共存使澳门成为一个风貌独特的城市，留下了大量的历史文化遗迹。澳门历史城区于2005年7月15日正式成为联合国世界文化遗产。1999年12月20日中国政府恢复对澳门行使主权。

澳门是一个国际自由港，是全球人口密度最高的地区之一，也是世界四大赌城之一。其著名的轻工业、旅游业、酒店业和娱乐场使澳门长盛不衰，成为全球最发达、富裕的地区之一。

澳门南湾

● 东南锁钥——厦门

厦门由厦门岛、鼓浪屿、内陆九龙江北岸的沿海部分地区以及同安等组成。公元

282 年置同安县，属晋安郡。明属泉州府。洪武二十年（1387年）始筑"厦门城"，意寓国家大厦之门，"厦门"之名自此载入史册。

厦门港区内群山环抱，港阔水深，终年不冻，是条件优越的海峡性天然良港，历史上就是中国东南沿海对外贸易的重要口岸。

厦门也是现代化国际性港口风景旅游城市，拥有 5A 级旅游景区鼓浪屿。美国前总统尼克松曾称赞厦门为"东方夏威夷"。

● 东方明珠——上海

上海地处长江入海口，东向东海，隔海与日本九州岛相望，南濒杭州湾，西与江苏、浙江两省相接，共同构成以上海为龙头的中国最大经济区"长三角经济圈"。

上海拥有深厚的近代城市文化底蕴和众多历史古迹，江南的吴越传统文化与各地移民带入的多样文化相融合，形成了特有的海派文化。

宋熙宁十年（1077 年），有上海务之设。元代上海立县。道光二十三年（1843 年），上海开埠；道光二十五年（1845 年），上海县洋泾浜以北一带划为洋人居留地，后形成英租界。此后，租界多次扩大。

外国势力相中上海，在于其独特的条件。首先是其并非传统意义的政治中心，可以避免国人的强烈抗争和反对，其次是其海陆、江海联运的优势地位。上海的港口和码头，不仅是中国中部海岸线的咽喉，还是长江黄金水道的桥头堡。

上海是中国的经济、交通、科技、工业、金融、贸易、会展和航运中心。上海港货物吞吐量和集装箱吞吐量均居世界第一，是一个良好的滨江滨海国际性港口。

水与国都

国都的营建，乃国之大事、国之根本，决不可轻易言弃。国都位置的选择，是从政治、军事、经济、社会、民族、文化等综合考虑的慎重结果。千秋基业，国都为重。

国都，作为天下首善之地，当然需要自我发展的良好基础，还需要全国范围各种资源的有力支撑，还要实现对全国主要区域的统领和掌控。国都，作为巨大消耗和承载需求的城市，必须从宏观视角提供长久的、战略性的条件支持。其中，水源、交通和供给是核心要素。在人类历史的长河中，水系（无论是天然的还是人工的）一直发挥着主干的作用。水系的兴衰也成了国都命运兴亡的指针。

● 早期的东方都会——"八水绕长安"

古代长安所在的关中平原，气候温和，降水丰沛，植物繁茂，八水环绕。这里是中华民族的重要发祥地。近期的科学研究和考古发现证明，这里现在的气候和环境条件与古代相比，发生了巨大的变化。在西汉时期，这里的环境条件还适合熊猫的生存和活动。

长安作为中国古代王朝的首都和政治、经济、文化、交通中心，时间长达1200多年，彼时"九天阊阖开宫殿，万国衣冠拜冕旒"。长安亦是丝绸之路的起点，与罗马、开罗、雅典并称为世界四大古都。

世界历史名城西安

随着城市的扩张和负荷的增加，先人对长安周边环境长期过度索取，再加上自然的变迁，八水消退了，长安也逐渐失去了它的华彩和活力。政治中心逐渐移往东边的黄河下游区域，交通更加便利、资源更加丰沛的洛阳、开封逐渐取而代之。

今天的西安是国际上著名的旅游目的地城市之一，也是联合国教科文组织最早认定的世界历史名城之一。西安，正在大力构建和恢复强大的水系，"东有浐灞广运潭、西有沣河昆明湖、南有唐城曲江池、北有汉城团结湖、中有明清护城河"，魅力水城呼之欲出。浐灞新区的世界园艺博览会已经让世人对这座西北城市刮目相看。西安，正重新回到西部大开发的舞台中央。

● 汴河与东京开封

汴河，作为华夏古老大运河体系中段的骨干，沟通南北，连贯东西。它从唐代末年开始就把开封逐渐从一个普通的地方城市提升为都会级别。宋代的东京汴梁是开封城市历史的辉煌时代，虽然，这座宋城已被经常泛滥的黄河洪水淹没在深深的泥沙之下。但是，我们依然可以从高度写实的宋代界画——《清明上河图》中饱览汴梁的无尽风采。

《清明上河图》是中国十大传世名画之一，是北宋画家张择端仅见的存世精品，属国宝级文物，现藏于北京故宫博物院。

《清明上河图》宽 25.2 厘米，长 525 厘米，绢本设色。作品以长卷形式，采用散点透视构图法，生动记录了中国12 世纪北宋汴京的城市面貌和当时汉族社会各阶层人民的生活状况。描绘当时清明时节的繁荣景象，是汴京当年繁荣的见证，也是北宋城市经济情况的写照。

《清明上河图》描绘了北宋时期都城东京（今河南开封）的状况，主要是汴京以及汴河两岸的自然风光和繁荣景象。清明上河是当时的民间风俗，像今天的节日集会，人们藉以参加商贸活动。全图大致分为汴京郊外春光、汴河场景、城内街市三部分。

汴河是北宋国家漕运的重要交通枢纽，商业交通要道，从画面上可以看到人口稠密，商船云集。虹桥气势不凡，高大得使汴河流域最大的船舶都能从桥下顺利通过，宽阔坚固得能并排行驶几辆装满货物的畜力车。整座大桥全部由木材修建而成，把整根整根的大木材并列铆接榫合，以支撑大桥的跨度，桥面又用成排的木料链固杵紧，使之形成一个硕大坚固的整体，并分散了负重使跨河木料均匀受力，而河中无桥墩，不会阻碍航行。

上游不远处已有几艘船依次泊在岸边，主航道中有两艘船在航行，橹工的汴河号子与纤工的汴河号子两首和声合唱回响在空中，渐渐地远去，这些人文的场景与秀丽的河山形成了一幅美丽风俗画面。

《清明上河图》是《东京梦华录》《圣畿赋》《汴都赋》等著作的最佳图解，具有极大的考史价值。

● 河洛与洛阳

洛阳城位于洛河（古称雒水）之北，水之北乃谓"阳"，故名洛阳，又称洛邑、神都。洛阳境内山川纵横，西靠秦岭，东临嵩岳，北依王屋山和太行山，又据黄河之险，南望伏牛山，自古便有"八关都邑，八面环山，五水绕洛城"的说法，因此得"河山拱戴，形胜甲于天下"之名，号称"天下之中，十省通衢"。

道学、儒学、佛学、理学或渊源于此，或首传于此，或光大于此，以"河图洛书"为代表的河洛文化是海内外炎黄子孙的祖根文源。国花牡丹因洛阳而闻名于世，被世人誉为"千年帝都，牡丹花城"。

今日洛阳

所谓"河洛"，传统观点认为，指的是黄河、洛河。广义上的河洛就是指黄河中游洛河流域这一广阔的区域。狭义的河洛就是洛阳。因此，河洛郎也成为中原人乃至中国人的代名词。他们和她们从这里走向江南，走向海外，把中华文明和美德传向海内域外、四面八方。

● 北京城的水系

北京，中华文化的重镇，中国版图的重心所在。从中国传统风水学的角度来看，北京是中华版图当中最具气派的"龙脉"所在。它背依燕山、南临浩瀚的华北平原，左手青龙方位以泰山为尊，右手白虎以嵩山为辅，以黄河为朝水、以南岳衡山为朝山、以昆仑山为龙脉。其气派之大，以中华版图为依托。

北京城西水系古图

以战国时期的燕京为肇始，北京从元代开始，以天地之中开始营建。元代刘秉忠、郭守敬，在建城之初，从千秋万代着眼，开始北京城的规划，集西山诸泉之精华，汇于园山池之所在，以此作为北京的水源。开长河之京城，连三海，过京东诸河至通惠河，可使漕运船队从京杭大运河，直通后海码头。来自西方的使者马可波罗，在他的游记中清晰地记述了这些繁华的场景。

刘秉忠、郭守敬从元代超过 3000 万平方公里的国土范围中选取了北京作为都城。从偌大的范围开始国土测绘，选取了现代北京城的核心——钟鼓楼附近的中心台，作为北京城的几何中心。以此也作为北京城乃至全国的基点。

元代，已经从更宏观的视野出发，将北京的水系，从莲花池（金代中都城郊的盛景，位于今天北京西客站的西南角）转移到东北方位的通惠河流域。这是因为，元大都具有超过以往的巨大容量。水系，不仅是一个城市的血脉和气韵所在，更是她的生命供应线。

从明代到清代，虽然政权从汉族手中转移到满清贵族手中，但北京城作为国家的心脏却已经持续跳动了近 500 年。

昆玉河今景

新中国成立以后，北京作为新中国的首都，被赋予了太多的职能，即政治中心、交通中心、文化中心、科技中心、教育中心、经济中心、军事中心、行政中心，古老的城市实不堪重负！

当 21 世纪来临的时候，人们终于认识到，古老的城市，承载力是有限的，这个超过 2000 万人口的城市，只能减负，而不能加载。产业开始转移。北京"黑色产业"的象征、北京的利税大户首钢向曹妃甸转移，北京的纺织企业也开始向周边转移。

北京，以昆玉河的恢复为先导，以玉河的复建为契机，开始走向城市发展与自然生态并重的发展之路。北京，以人居环境建设为本底，以世界城市为目标，逐渐向诗意的栖居和人本的复兴目标前进。北京城，作为中国山水城市建设的范例，开始将人类生活的本能与自然的平衡相衔接。在北京城的核心部位，莲花池、昆玉河、玉河，都成为了寻常百姓休闲之地。这正是这座城市延续新生命力的新起点！这座古老而又充满活力的城市，又开始了她新千年的历程！

北京，作为中国——当今世界最多人口国家的首都，作为中华文化和古老文明的象征，必将焕发出新的活力。

地名命名规则与山水方位的关系

地名，包含着许多历史信息。在中国的地名文化中，有一种依循风水理念命名地名的现象和规则，即地名源于该地与山脉、河流的方位关系。城镇位于河之北、山之南，称作"阳"；位于水之南、山之北，则称之"阴"。比如，位于河流之南的江阴（长江南岸）、淮阴（淮河之南）、汤阴（汤河南岸）；位于河流之北的洛阳（洛河北岸）、淮阳（淮河之北）、河阳（今沁阳一代，黄河北岸）、汝阳（汝河北岸）、湖南资阳（资水北岸）、山东济阳（古济水现为黄河河道北岸）、沈阳（沈河北岸）、辽阳（辽宁小辽河之北）、甘肃庆阳（东、西河汇流之北）、河南舞阳（舞水之北）、安徽涡阳（涡河之北）、江苏泗阳（泗水之北）、湖南耒阳（耒水之北）、湖南浏阳（浏水之北）、湖南资阳（资水北岸）、湖南麻阳（麻溪之北）；位于山脉之南的衡阳（衡山之南）、浙江东阳（长山及古金华山之南）；位于山脉之北的华阴（华山北麓）、蒙阴（山东蒙山北麓）、山西山阴县（恒山余脉翠微山北麓），等等，不胜枚举。

中国古代城镇的选址及建设既受到风水理论的影响、山水文化的熏陶和启发，又考虑到防卫、交通和供给等实际需要，常常表现出与山水的密切联系。朴素的风水理念内涵是为民众营造可长期发展、和谐舒适的生存环境。城镇的名称，也生动、形象、直观地体现了城镇与山水的紧密关系。这种形象化的城镇命名规划和地理要素之间关系的确定方法，简明扼要，是中国传统文化的一个组成部分。

沈阳因位于沈河北岸而得名，今日沈阳已横跨沈河两岸蓬勃发展

第五章

车水马龙，通达四方——水与出行

已知的世界，需要人们去掌控；未来的世界，需要人们去探索。无论是陆路交通，还是水运交通，都与水有着千丝万缕的联系。今天，遇水架桥、遇山开洞已经成为交通通行的必然选择。

河——众生的滋养

河流，是大地的血脉、是流淌的历史，是生存的要素。河流是文明的摇篮，是文化的载体。

● 黄河与船工号子

九曲十八弯的黄河从天而来，浩浩向东奔流到海。她越过秦月汉关，沐过唐风宋雨，踏过明山清水，淘尽千古风流人物，也滋养着这片土地上的人们。黄河，黄土地，黄种人，构成了黄河流域以黄河人为核心，以黄河为载体的独特地域民族文化。其中，黄河船工号子文化就是其中的一枝奇葩。

黄河上行船既有涉险滩、过激流的紧张，又有风平浪静、一马平川的舒缓。怎样才能既保障行船安全，又能协调力量和动作，还能鼓舞士气、调节情绪呢？这不仅仅需要干劲儿，而且需要巧劲儿、韧劲儿。或许是因为听到黄河水拍打木船时啪啦啪啦的声音，或许是感受到黄河水流动发出声响时产生的有节奏的撞击力，船工们也跟随着节奏自然地发出了轻声哼唱。

从船下水到船上岸，每一个过程都伴有不同的号子。例如，船下水时有"威标号"，起锚时有"起锚号"，搭篷时有"搭篷号"，扬帆时有"扬蛮号"，调头时有"带冲号"，撑船时有"跌脚号"，快到码头时有"大跺脚号"，在两船之间穿行有"车挡号"，拉纤时有"喂喂号"等。

船工号子的内容和节奏，是随着航行时河道、劳动强度和劳动节奏的变化而变化的。谷深峡险，水流湍急，需要逆流而上时，号子短促有力，几乎没有歌词，全是单一的"嗨""嗨"声，声如金石，气冲霄汉，慷慨激昂，雄伟壮观，让人情不自禁地热血奔涌、斗志昂扬。这个阶段体现的是一种雄浑、苍劲、粗犷、刚毅和带劲。水流平缓之地，号子声调悠扬，让人有美景天成、浑然忘我之念，此时体现的是一种平和、淡定、豁达、凝思和致远。

黄河激流催生了激昂雄壮的船工号子

从心底迸发的呼喊会让人聚精会神，步调一致，战胜种种艰难险阻。船工号子，是枯燥生活的调和剂，是苦闷情绪的润滑剂，是同舟共济的黏合剂，是克难攻坚的催化剂，苦辣酸甜，离合悲欢，种种人世间的际遇，尽在这或粗犷或缠绵的喊声里了。

船工号子的歌唱方式，主要是"领合"式。有人领唱，有人合唱，领唱的句子较长，有实际内容。合的也有长句，但大多是无实际内容的衬词，如"哎嗨"一类。每一只船上都有一个"号头"，就是领唱的，这个"号头"必须是聪明机灵、思维敏捷之辈，能触景生情，情生歌起，因为船工号子的许多内容，都是现编现唱，一草一木、一人一景、一石一浪，都可编入号子之中。在这一唱一合中，号子的万千韵味、船工的诸多心情，都飘荡在黄河上空了，船工号子俨然已成为人与黄河对话的纽带和媒介。

文人墨客们早已有诗词歌赋献给黄河，但对船工们来说，却是太过文雅而不够真切。因为黄河只是他们安身立命的基石，他们在黄河上日复一日、年复一年的安全航行就是对黄河、对生活的最好赞美。号子背后体现出来的是那份沉甸甸的情感，是一方水土养一方人的平凡生活，黄河船工是不畏艰险、侠肝义胆的船工们平凡劳作和生活之中的满腔热情和顽强不屈的坚韧力量，还有对坎坷命运的抗争和搏击。

● 黄金水道——长江

长江江阔水深，气象万千。它辐射周边，维系八方，是沟通内陆陆地文明与海洋文明的黄金水道。黄金水道，"畅"字是关键，一畅百畅，一通皆通。物资通畅、人员流畅、内心顺畅、信息之传畅、文化之和畅都彰显着黄金水道的无尽价值。

长江流域拥有 4 亿亩肥沃的耕地，养育了 3 亿多人口。长三角、长江中游城市群和成渝经济区 3 个"板块"被安全、通畅的长江水道有效地衔接起来后，将会形成可带动超过 1/5 国土、涉及 6 亿国人的发展新区域。

人生会有终，长江万古流。长江很早就成为国人的文化之江、心灵之江和精神之江。在屈原看来，面对清浊难辨的人间沧浪，面对既可濯我缨亦可濯我足的现实环境，这位有着理想主义极致追求的诗人发现：只有一江碧水才是能真正理解他的朋友，只有江水才能与他进行心灵的对话，才能让诗人找到内心的宁静和寄托所在，他把江水作为自己的最后归宿，选择了投江。而在恋人看来，面对"我住长江头，君住长江尾"的时空阻隔，尽管"日日思君不见君"，却在"共饮一江水"。涛涛的长江不仅没有成为感情的阻断反而成为倾诉思念、表达爱恋的渠道和纽带。

不同区域的不同条件，形成了和而不同的长江文化。长江上游的四川盆地气候温和、降雨充沛、土地肥沃，巴蜀民族在这种崇山峻岭环抱的盆地环境中，形成了凌厉之气张扬的巴蜀文化；长江中游的江汉平原，大小湖泊星罗棋布，万里长江横贯其中，众多支流汇注长江，发达的交通具有极大的开放性，从而使荆楚具有极大的包容性，博大精深的老庄学说以及屈原的离骚，无不体现出浪漫之风横溢的荆楚文化；下游的吴越区

域位于长江三角洲的太湖流域和杭州湾两岸，地形平坦，商业繁华，典雅秀丽，形成了婉约之风飘逸的吴越文化。这些文化在开放融合中形成了自己的文化特色，在交流交锋中保存了自己的文化活力，在斗争妥协中彰显了自己的文化性格，这就是长江文化——中华民族璀璨文化中的瑰宝。

● 南北通行大通道——大运河

中国的大运河，最早开凿于东周（公元前 8—前 3 世纪）之扬州邗沟和郑州鸿沟。隋唐（6—10 世纪）修筑以洛阳为起点、北达涿郡、南抵扬州的永济渠和通济渠，完成第一次全线贯通。元代（13—14 世纪）修筑北起北京、南至杭州且流经天津、河北、山东、江苏和浙江四省一市之全长 1794 公里的京杭大运河，完成南北第二次大沟通。大运河，作为润泽华夏、沟通南北的战略通道，是世界上最长、最古老的一条人工运河，也是工业革命前规模最大、范围最广的土木工程项目。大运河的功能和价值早已超越了运河本身的孕安澜、促运输、惠民生、保粮丰的意义，而在国家统一、经济繁荣、文化交流和科技进步等方面更发挥了举足轻重的作用。

隋唐大运河路径示意图

大运河，将在大地上流淌了亿万年的及朝着各自方向、浇灌不同土地的以及从来不能牵手、从来不曾会面的海河、黄河、淮河、长江、钱塘江连接了起来，使黄河得以带着孔子"仁义礼"的理想和"正心、修身、齐家、治国、平天下"的伟大抱负，带着老子"道生一，一生二，二生三，三生万物"的《道德经》和"道法自然"的真谛，带着庄子枕石梦蝶、灿若云锦、汪洋恣肆的《逍遥游》和它那天籁之音，带着孟子"民贵君轻"的民本观念和"仁政"真谛，带着……汇入千古运河。南北连接的大运河，创造着中华文明，是汇聚了中华先贤智慧与创造力的伟大构想，雕刻出了中国人的性格，以一泻 5000 里的豪迈气概，开启了中华民族伟大复兴的奋进闸门。如果说万里长城是一曲响彻在崇山峻岭间的"英雄战歌"，那么大运河则是一首流淌在中华土地上的"抒情史诗"。

京杭大运河至今仍滋养着两岸，并发挥着航运功能

仪态万方的大运河与坚强不屈的万里长城交相辉映，共同在中华大地上烙了一个巨大的"人"字。它深深地嵌入到了中华民族的历史、地理、环境、经济、文化、民族和民俗之中。大运河是人水情缘的真实写照，它是我们生命所依的物质家园，也是人文寄托的精神家园。

● 灵渠——开通岭南的捷径

治国必先治水。治水兴邦已经成为历朝历代的头号工程。历史上许多有作为的君主，莫不在治水方面留下了不朽的业绩。

灵渠，位于广西桂林市兴安县境内，开凿于秦代。它是贯通长江水系的湘江和珠江水系的漓江的咽喉要道。历经汉、唐、宋、元，直到近代都有整修扩建。

秦统一六国、定鼎中原后，继续南征北战。秦始皇于公元前 221 年命令国尉屠睢指挥 50 万大军，分五路南下，向百越（今广西、广东）发起最后的进攻，以实现统一全国的宏大目标。

灵渠水系图

秦军一路披荆斩棘，所向披靡、节节胜利。然而当进入两广腹地时，等待秦军的却是瘴气弥漫、毒虫遍地的丛林以及出征以来所遭遇的最顽强抵抗。秦军的后勤补给线也出现了严重问题：从陆路车载运输，马驮已难以为继。必须将军粮通过长江水路直接运达岭南前线。

秦王传令："凿渠而通粮道。"

然发源于桂林市东面海洋山的湘江，向北流入湖南，注入长江，属长江水系；发源于兴安猫儿山的漓江，向南流入珠江，属于珠江水系。湘、漓二江相距 30 多里，并不相通，湘、漓二江向各自的方向奔流，两水之间落差有 30 多米，互相沟通绝非易事。秦始皇命监御史禄开凿灵渠，史禄紧紧抓住"分水"和"水爬坡"这两个关键，依地势所需，科学地运用地学和水力学知识通过精确计算，每隔一定距离便设置一个陡门（即简单的船闸）。陡门用石块砌成，中间宽度可容纳一船进出，船只进入陡中，封闭陡门，拦蓄渠水，待陡中水位升高与前方水位齐平时，则开门放船出陡，船只依次经过船闸，依次逐渐爬高或下降，终至通过全渠，最终不仅解决了湘、漓二水落差巨大带来的难题，对应地把长江、珠江两大水系连接起来，为南疆北国修建了水上捷径。

灵渠建成后，秦军运粮船队自长江逆湘水而上，一路畅通无阻到达湘江源头的灵渠，然后再顺流而下进入珠江支流的漓江，再到达岭南腹地的珠江水域，使帝国的疆域一直拓展到了南海边。至此，中国历史上真正意义上的，第一个大一统、多民族、中央集权的国家形成了。

秦人用了两年左右的时间，创造了世界之最：世界上最古老的船闸，世界上第一条等高线运河，世界上运行时间最久仍然完好无损的拦河大坝，世界上最早的运河通航工程，以及人类历史上最大的内河运输网等。直到今天，灵渠仍然一如既往静静地流淌着，不负每年灌溉万亩农田及向漓江补水的使命。

灵渠名字的来历有多种说法，其中一则是：秦始皇在派史禄开渠之前，已经派过两位将军前来凿渠，他们因没有完成任务而前后自刎付命。史禄来后，在总结前两位使监失败教训的基础上，终于成功地完成了凿渠使命。相传水渠筑成的当日，史禄将军说水渠是由两位将军的鲜血铺就的，自己不能贪天功为己有，于是面对水渠，拔剑自杀，倒在了散发着新土芬芳的渠堤上，追随着前两位将军的亡灵而去。还有因设计灵巧而得名的说法。因渠道完整精巧、设计巧妙，实现了人与自然之间的和谐和共生，所以能够长盛不衰。直到明清时期，灵渠上依然是巨船鳞次，热闹非凡，因而被誉为"灵渠"。

● 鸿沟、贾鲁河——历史印记

鸿沟，是战国时期魏国所凿。魏惠王九年（公元前 361 年），将都城由安邑（今山西夏县西北）东迁大梁（今河南开封市）。继而又以大梁为中心，在黄、淮之间，大兴水利，形成了历史上著名的鸿沟水运系统。

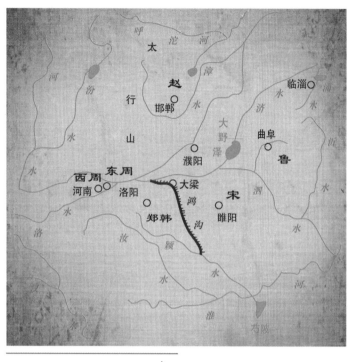

古鸿沟位置示意图

鸿沟从位于荥阳市北的黄河南岸开凿水渠，使黄河水逶迤向东，引入大梁西面的圃田泽（今郑州东南的圃田，现已淤），再从蒲田泽引水到大梁（今开封），折向南部，经过太康、淮阳、沈丘，与淮水重要支流颍水会合，经颍水气势浩荡地注入淮河，这就是历史上著名的鸿沟。

鸿沟凿成后，引来了丰富的黄河水，使淮河与黄河互相贯通，构成了鸿沟水运系统。鸿沟水系不仅改善了魏国的水上交通，由于这些水道还可用于灌溉农田，因而它也促进了魏国农业的发展，形成了鸿河流域农业丰产区。由于河、淮之间航运和农业的发展，从此奠定了大梁城（今河南开封）在中原地区的中心地位。此外，在鸿沟水系中，还兴起了一批新的城市，如丹水和泗水会合处的彭城（今江苏徐州市），睢水边上的睢阳等。

后来，还成就了秦代末年楚汉以鸿沟为界"中分天下"的故事。中国象棋棋盘上的"楚河汉界"指的就是鸿沟，秦朝末年，项羽在彭城（今江苏徐州市）大败汉军，刘邦退到荥阳，楚军乘胜追击，在荥阳一带互相攻伐相持长达两年之久。

关于鸿沟的名称和走向，也有不同说法。《竹书纪年》称"大沟"，《史记·河渠书》称"鸿沟"，《汉书·地理志》称"狼汤渠"，《后汉书·郡国志》称"鸿沟水"，《水经》称"蒗荡渠"和"渠"，《水经注》称"蒗荡渠"和"渠水"。魏晋以后称蔡河，至唐末河道渐淤。五代后周太祖显德年间，由于东京开封府依赖蔡河运输物资，因河道浅窄，河水流量不大，运力不足，故而重新疏浚河道并导汴水入蔡。至北宋太祖建隆年间又自今新郑南部引溱、洧之水凿渠流入开封城中的蔡河，自此之后，蔡河水源充足，水量大增，漕运大畅，出现了"舟楫相继，商贾毕至"的繁华场景。到北宋仁宗年间，传说有一年发大水，天降大雨，河水泛滥，开封城中的街道和许多平民住房被淹，致使大批百姓无家可归。时任开封府尹的包拯通过实地调查，了解了阻滞水流的原因。原来，由于蔡河两岸商业繁盛、风景秀丽，许多达官贵人将这里视为风水宝地，于是他们私占河道、私筑堤坝，并在河道上修筑水上花园、亭台楼榭，用于自己享乐。这些当时的"违章建筑"严重阻塞了河道，影响了蔡河的排水能力，包拯立刻下令拆除所有堤坝和水上建筑，并在仁宗皇帝面前据理力争，终于疏通了河道，还河于民。由于包拯不畏权贵、为民造福，老百姓为了感谢他的恩德，就把蔡河改称为"惠民河"。

贾鲁河今景

然而到了金元时期，由于政治中心北移，元世祖忽必烈又对京杭大运河进行了大规模整修和延伸，惠民河便逐渐失去了漕运的功能，加之后来黄河屡次南决，惠民河也随着洪水的泛滥而淤废。元朝至正年间，已经淤废的古运河，在元朝历史名人贾鲁的治河方略下，不仅黄河多年的水患被平息，而且惠民河的故道被疏通，新的河道也被开凿，这其中就包括他从密县凿渠引水，经郑州、中牟，折向南而至开封，而后入古运河，直达周口入淮河，这正是今天的贾鲁河的流向，不仅使惠民河重新恢复了勃勃生机，而且开封一带的漕运、商业也很快兴盛起来，河岸两旁的村镇也逐渐繁荣，这其中就包括人们所熟知的历史名镇——朱仙镇等。

明朝弘治年间黄河再次决口，贾鲁河淤塞，明政府在治理黄河的同时，也对贾鲁河进行了疏浚，并对河道两岸进行了较大规模的修整。至此，贾鲁河迎来了自北宋以来漕运的第二个黄金季节，其繁荣达到了顶峰，据说当时贾鲁河上的朱仙镇码头日泊船200艘以上，考古学家在此挖掘出相当重量的船锚，证明当时贾鲁河上曾行驶过载重量相当大的货船。贾鲁河的这种繁盛局面一直持续到清朝中叶，19世纪末黄河再一次泛滥，贾鲁河又一次淤塞，此后水流逐渐缩小，终于无法通航。

今天的贾鲁河，显得落寞而平静。

● 通惠河——通往京城的最后历程

通惠河，又称元大都运粮河，是京杭大运河的重要组成部分，是元代著名的科学家、13世纪世界科学高峰人物郭守敬主持修建的。

1292年，已至耳顺之年、须发皆白的郭守敬背负皇命，携300余随行，披星戴月走遍大都北部山脉，终于在大都西北方向昌平县城白浮村凤凰山的山麓发现了水源。此泉靠近白浮村，泉随村名，被称为"白浮泉"（今称龙泉）。白浮泉海拔55米，瓮山泊（今积水潭）海拔为40米，之间平均比降仅为每公里0.46米。要使白浮泉顺利流到瓮山泊，开掘的渠道必须做到每公里误差不得超过1米。郭守敬首次提出了以海平面为零点的"海拔"标准概念，这一测量学科的专业术语沿用至今，早于提出这一概念的德国大数学家高斯560余年。他还通过数百次测量，结合历史资料，推算出一年的长度约为365.2425天，精确的程度与理论值只差23秒！

开工当日，忽必烈命"丞相以下，皆亲操畚锸为倡"（《元史·河渠志》），到开河工地举行盛大典礼。经过一年的紧张开挖，至元三十年（1293年）秋，大都至通州的漕运河开凿完成。工程完工时，适逢元世祖忽必烈从上都回到大都，他看到积水潭烟波浩渺，水天一色，樯橹蔽水，盛况空前，龙颜大悦："此河朕想了多年，今日得以开通，郭都水功莫大焉，朕另有重赏。此运道畅通天下，惠泽大都，就叫它'通惠河'如何？"

穿城而过的通惠河上建有156座桥，码头设在积水潭。南来的船只可以直接抵达大都积水潭码头。元政府特别调军队于新浚运河看护闸坝。设闸官若干人，每闸设闸户若干，负责闸堤日常养护和小规模维修。元政府打造的7000余艘运河漕船，前不见首，后不见尾，将一船船来自鱼米之乡的漕粮运达大都码头积水潭。

那时的积水潭称为"海子"，可不是今天那个只能停泊几首游船的小水池，它包括了什刹海、北海、今天的积水潭和已经消失的太平湖，东西宽二里，南北长数十里，水深面阔，天水一片，汪洋如海，令人神往。积水潭因运河的仙气而演变成了人山人海的水港，北京城一下换了气氛。一时之间，漕船首尾相衔，鱼贯而入，满载着江南的粮食、瓷器、木材和各路的绫罗绸缎，驶入积水潭，热闹

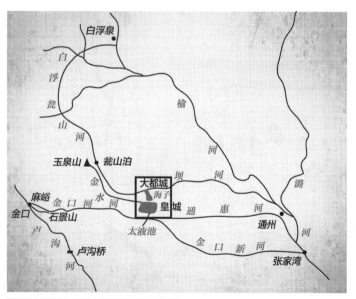

元大都及周围水系图

图说水与衣食住行

了全北京。汪洋十里的海子沿岸，顿时变成了南北货物交换的大码头，潭内舳舻遮天蔽日，"燕山三月风和柔，海子酒船如画楼"（王冕《送人上燕》），真切地描绘出了当年的繁盛。

文人雅士也喜欢汇聚在清流潺潺、舳舻蔽水、盛况空前的积水潭边赏酒作文，结社吟诗，比宋代更加繁盛的食肆、勾栏等迅速在这里发展起来，旺盛起来。关汉卿来到这里，听南来北往的船工们讲述运河上的奇闻趣事，再把这些奇闻趣事点染而成杂剧。在运河的孕育下，元杂剧应运而生，又随运河流向四方。达官显贵、商家大贾、市井百姓、船夫走卒们等穿行于此，在选择他们心仪可意的各式物品之后，总要在这方舞台旁驻足，欣赏着《窦娥冤》《救风尘》，体验五味杂陈、酸甜苦辣的人生。

● 红旗渠——千里修渠引来救命水

人工"天河"红旗渠，位于河南北部安阳境内的林州，被誉为"世界第八大奇迹""中国水长城"。

河南林州原称林县，祖祖辈辈吃水难，十年九旱，老百姓平时没水洗脸，长年累月都不洗衣服，只有在遇到婚丧嫁娶这些大事时，才舍得去缸里舀出一点点水来，全家人合用一个洗脸盆，你洗完了我洗。林州的姑娘嫁人是"不图你的万贯家产，就图你的有水洗脸"。林州人民缺水、重水、惜水，因而爱水、盼水、找水。

红旗渠彻底改善了林州严重缺水的生存环境，现在的红旗渠已成为旅游胜地

穷则变，变则通。当时的县委书记杨贵带领全县党员干部群众，修建人工河，把山西漳河水引到林州。从1960年2月动工，到1969年7月支渠配套工程全面完成，历时10多年，林州人奋战于太行山的悬崖绝壁之上，险滩峡谷之中，投工3740.2万个，总干渠长达70.6公里，干渠、支渠和斗渠总长度1520多公里，硬是削平了1250座山头，架设151座渡槽，开凿211个隧洞，修建各种建构物12408座，挖砌土石达2225万立方米；同时，修建小型水库48座、塘堰346座、各种建筑物12408座，架设渡槽157个，还建起了扬水站、水电站等，并最终在太行山的陡崖峭壁上开凿出了一条高4.3米、宽8米、长70.6公里的人工

天河——红旗渠。红旗渠建成后，彻底改善了林州人民靠天吃饭的艰难生存环境，解决了 56.7 万人和 37 万头家畜饮水问题，54 万亩耕地得到灌溉，粮食亩产由之前的 100 公斤增加到 1991 年的 476.3 公斤。

红旗渠是林州人民一锤一钎地凿出的一条世界最长的人工"天河"、最长的农田灌溉水系，同时，也凿出了中华民族的一种精神，那就是为了理想自力更生、艰苦奋斗、攻坚克难、无私奉献、舍生取义的红旗渠精神。

自 1969 年红旗渠竣工以来，先后到此参观的外宾来自五大洲 150 多个国家和地区，人数达 13900 人之多，他们无不对红旗渠发出由衷的赞叹。国内前来参观学习的达 180 多万人。现在，它成为太行山上著名的旅游胜地。与其说人们在赞叹红旗渠这一奇迹本身，倒不如说人们在赞叹红旗渠精神，赞叹修渠人身上那股豪气、侠气、胆气、骨气、志气和锐气。

桥——天堑上的通途

俗话说，架桥修路，积德行善。桥和路就这样守护着平安，守护着畅通。路和桥延伸在旷野平畴，跨越山涧沟壑，饱受风吹雨打、日晒霜摧。岁月催老，屡毁屡建。

● 赵州桥——奇巧固护展通行

赵州桥，又称安济桥（宋哲宗时赐名，意为安渡济民），又因桥体全部用石料建成，俗称"大石桥"。它坐落于河北省石家庄市东南约 40 公里的赵县城南 2.6 公里处，横跨洨水南北两岸，建于隋朝大业元年至十一年（605—616 年），由著名匠师李春设计建造，距今已有 1400 多年的历史，是世界上现存最早、单孔跨度最大、保存最完整的坦拱圆弧敞肩式石拱桥，被世界公认为"天下第一桥"，在世界桥梁建设史上占有非常重要的位置。

李春和工匠们根据洨水水流、宽度等特点，把桥的拱形形态由我国大石桥传统的半圆拱改良成圆弧拱，克服了桥高坡陡、车马行人过桥不便、脚手架过高、施工不便等缺陷。

把以往桥梁建筑中采用的实肩拱（没有小拱的称为满肩或实肩型）改为敞肩拱的设

计风格，是世界造桥史上一个创造性的结构。这种设计既可以增加泄洪能力，大大降低洪水对桥身的冲击，提高大桥的安全性，又可以节省大量土石材料，减轻桥身的自重，从而减少桥身对桥台和桥基的垂直压力和水平推力，增加桥梁的稳固。这种设计体现了顺水而建、顺势而为的设计特色。

敬水顺水的设计理念还增强了赵州桥的艺术之美。拱形桥身气势如虹，横跨洨水，向人们展示出驾石飞梁、巧夺天工的雄姿，大拱与小拱构成一幅完整的图画，再加上类型众多、丰富多彩的狮首石像、竹节、花饰等雕饰花纹，使赵州桥在恢弘之中又透出矫健、轻盈之美感，显得更加轻巧秀丽、轮廓清晰、线条明快，特别是鳞甲披身的蛟龙，或盘踞戏游，或登陆入水，变幻多端，形象栩栩如生。李翱、刘涣、张彧的桥铭、诗句中都有对它的赞词。张彧在《赵郡南石桥铭并序》中说，"郡南石桥者，天下之雄胜，乃揆厥绩，度厥功，皆合于自然"。崔恂在《石桥咏》中，以"代久堤维固，年深砌不隳"来形容桥的完整壮丽。宋代赵州刺史杜德源有诗赞曰："驾石飞梁尽一虹，苍龙惊蛰背磨空。"元代刘百熙有诗赞曰："谁知千古娲皇石，解补人间地不平。半夜移来山鬼泣，一虹横绝海神惊。水从碧玉环中过，人在苍龙背上行。日暮凭栏望河朔，不须击楫壮心声。"

民间歌剧《小放牛》和其他传说称赵州桥为鲁班所建，这种奇特设计建筑风格惊到了"八仙"之一的张果老，他不信鲁班有此高超的建筑本领，赶忙骑着毛驴约了五代时后周的皇帝世宗柴荣和宋太祖赵匡胤，一起来到这里，准备试试这风格奇特的大石桥。他们到了桥头就问鲁班："桥能经得起我们一起走吗？"鲁班瞟了他们一眼回答说："这么坚固的石桥，怎会经不起你们走！"鲁班哪里知晓，张果老施了法术聚来了太阳和月亮放在驴背上褡裢里，柴王爷也用法术聚来了五岳名山装在车上。两人刚一上桥，桥身便开始晃悠，斗法中，毛驴在桥上踏出了蹄印，小车在石板上轧出了一道深沟，由于柴荣推车过猛，跌了一下，一膝着地，留下了一个膝印。张果老一慌，斗笠掉在了桥上，打了个圆坑。鲁班用力托桥，在桥的东侧，留下了深深的手印。斗法的结局是，鲁班战胜了神仙与帝王，石桥安然无恙。1953年修缮赵州桥时，驴蹄印、车道印、膝印等"仙迹"还历历在目；而且鲁班力顶大石桥的手印，在大规模修缮前据说是还可看清。"仙迹"都在靠桥东侧三分之一的桥面宽度内。查明朝人翟汝孝《重修大石桥记》中记载，仙迹是行车外缘的界限，车辆应在桥的中央通行。这条古代的交通规则，颇符合现代力学原理，对保护桥梁作用非浅。东侧仙迹所处部位，是受力大的地方，若在桥下手印处设法支托桥梁，对桥的安全大为有利。它启示人们，万一石桥发生裂痕，可在手印处用木桩支撑，以便从容修理。

这些确凿的痕迹都证明了赵州桥设计和建造的科学与合理。上述民间传说和戏剧歌赋只是在为这个人间的奇迹涂抹上神秘的光环，去尽情附会和夸张吧！

● 泉州洛阳桥——三大首创促畅通

南宋时期，福建泉州及其附近地区的梁石墩桥，无论是在长度、跨度、重量，还是在建造速度、施工技术、桥型设计、桥梁基础等方面，都达到了中外建桥史上的很高水平，因此有了"闽中桥梁甲天下，泉州桥梁甲闽中"的美誉，而泉州的洛阳桥更是其中的佼佼者。

泉州洛阳桥，又名万安桥，处于泉州市洛江区与台商区交界处，横跨洛阳江的入海尾闾，是古代粤、闽北上京城的陆路交通要道，由北宋泉州太守蔡襄主持建造。据福建《仙游县志》记载，蔡襄召开家庭会议，其母亲卢夫人深明大义，对此给予大力支持，同意捐出田产160多亩，作为赞助修建洛阳桥的启动资金。蔡襄家族捐献田产之后，当地百姓也踊跃为建桥捐款，终于促成了洛阳桥的全面竣工落成。

洛阳桥的建成确是桥梁史上的一次突破。它在设计理念、建筑方法等方面依托现有水文地貌等条件，通过放水、

泉州洛阳桥

图说水与衣食住行

利水、用水三个阶段，实现了三大首创。"放水"主要是根据洛阳江的特点，在过去一直沿用的"砻石为浮桥"的基础上，首创了"筏形基础法"，即在江底沿着桥梁中轴线满抛大量石块，并向两侧展开相当的宽度，形成一条横跨江底的矮石堤，然后在上面建造船形墩，这对于潮狂水急的洛阳江是再合适不过的方法了。"利水"则是利用潮水涨落，首创了"浮运架梁法"，即把沿岸及附近开采出来的石梁与石块，放在木排上，随潮水的涨落进行运送和架设，趁涨潮将载有石梁的木排驶入两个桥墩之间，待潮退，木排下降，石梁即卸落在石墩上，再用木绞车使石梁作一些横向移动。"用水"则是运用水中牡蛎，首创了加固桥墩的"种蛎固基法"。宋朝以前建桥，梁石之间的连接是采用腰铁或铸铁等方法，但在海水中，铸铁连接件很快会遭腐蚀，这个方法不能借用。桥工们别出心裁地想出了种植牡蛎来固接的办法。牡蛎是一种生殖在浅海区域的软体动物，它有两个贝壳，一个壳盖着自己身体，另一个壳则附生在岩礁或别的牡蛎壳上，与附生物相互胶结成一休，不再分离。它的繁殖力很强，成片成丛的牡蛎无孔不入地在海边岩礁间密集繁生，可以把分散的江底石堤和横直条石胶结成很牢固的整体，这是世界上第一个把生物技术用于桥梁工程的创举。今天，在洛阳桥两边的海滩上，还可以看到用两块或三四块条石搭成的蛎房，星罗棋布，别有一番景象。为了维护洛阳桥的安全，不准在桥墩及其附近地区捕捉牡蛎的规定，早在明清就已成为一条法律，这在桥梁史上是别开生面的，是以法治水的经典案例。敬水、利水、用水这三个阶段也是人水交锋、交流和交融的梯度过程，充分体现了桥工们尊重自然、顺应自然、天人合一的建桥理念。

京剧《洛阳桥》就是一曲专门歌颂洛阳桥的彩灯戏。历年来赞美洛阳桥的诗词也屡见不鲜。清朝凌登就写下了这样一首名诗："洛阳之桥天下奇，飞虹千丈横江垂。西有滚滚万壑流波之倾注，东有溯灏澎湃潮汐之奔驰。石梁亘其上，震啮永不移。千秋万岁功利溥，直与天壤无休期。巍然巨石中流峙，雄镇东南数千里。遥望扶桑海日升。山头松柏常青青……天空云瀚沧海阔，东风吹云海水裂。宇宙神物能有几，如此大观称奇绝。"

洛阳桥上的文物，石刻之多也是罕见的。桥自北岸惠安县境起，用石垒桥堤连接江中一小岛，名中州。中州上有亭两座：一为中亭，中亭附近历代碑刻林立，有修桥碑石

12 座及摩崖两方；另一为"西川甘雨亭"，原为祈雨之地，内有"天下第一桥"横额。桥的南北两端，分别立有四尊凛凛生威、戴盔披甲、手持长剑的石刻武士像，乡人敬为护桥将军，尊崇备至。桥两侧，设有石雕抚栏，兼有石狮、石亭、石塔点缀其间。筏型桥墩，如龙爪伸展，使整座大桥古朴端庄，结构壮美。桥南头，有蔡襄祠，奉祀着这位为民造福、泽被桑梓、清正廉明的太守，内有蔡襄手书的《万安桥记》碑一座，被誉为书法、记文、雕刻"三绝"。桥北街旁有昭惠庙，内有"永镇万安"匾额和石碑数座。原来洛阳桥的桥面，立有 500 根栏杆石柱，柱体均雕刻有昂首张望的、口含滚动石球的、形态各异、栩栩如生的威武石狮子守卫的跨江"大飞带"，真谓令人敬佩和惊叹不止。不仅如此，洛阳桥还是一座名副其实的军事桥头堡，曾是抗击倭寇海盗以及郑成功抗击清兵的驻守要塞，守卫者往往驻守中亭，使进犯者不敢越桥而进。

洛阳桥的名字，与客家人、客家文化密不可分。隋末唐初，社会动荡不安，中原时有战争爆发，造成大量的中原人士南迁，迁至泉州和闽南地区的多数为河南、黄河和洛河一代的中原百姓。这些中原人士从此在这里定居下来，成为"客家人"，因为怀念故土河洛地区，又看到这里的山川地势很像古都洛阳，为了纪念乡愁，根据"地（名）随人走"的习俗，就把这个地方取名为洛阳，这座桥也因此被称为"洛阳桥"。

抚今追昔，作为古代海上丝绸之路桥头堡的洛阳桥，无数客家先民从这座桥走向异国他乡，因此，这座桥也就成为了许多海外客家人离开大陆的出发点。今日的洛阳桥，则成为了海外客家后裔乡愁的归宿点和寄托处。

● 洛阳天津桥——名变行变家国变

天津桥遗址位于河南洛阳的古洛河之上，始建于隋炀帝大业元年（605 年）。在《唐·元和郡县志》中对该桥有过记载："用大船维舟，皆以铁锁钩连之，南北夹路对起四楼，其楼为日、月、表、胜之象然。"这是座长约 500 米的大浮桥，也是我国首次记载用铁链连接船只的桥型。桥北与皇城的端门相应，桥南与长达 10 里的定鼎门大街相连，是隋东京都城南北往来的通道。因为桥通往皇宫，可供天子出行渡津，故称"天津桥"。为了能使楼船顺利通过，桥还可以开合。当时，桥头有重楼 4 所，高百余丈。每当凌晨时分，晓月还斜挂天空，桥上已是人声鼎沸、车马如流了。刘希夷曾有诗云："天津桥下阳春水，天津桥上繁华子。马声回合青云外，人影动摇绿波里。"

桥造好后，每当皇帝或王公大臣过桥出游便需"净河"，江船停开，过河者回避，结果百姓叫苦连天。修建桥梁原来为方便出行，净河清场的做法实在是倒行逆施，因此老百姓又称它为"作孽桥"。两年后，这座"作孽桥"被农民起义军李密所焚毁，隋王朝也随之灭亡。

天津桥遗迹及碑亭

唐朝时，洛阳有了更大的发展，城市人口100多万，由于交通繁忙，重修的浮桥已不能满足需要，加上洛河西高东低，倾斜度大，冬春水浅，泥水游漫，宽有里半，夏秋山洪暴发，势若奔马，每至泛溢，荡毁村舍，非建牢固的多跨石桥不可。唐太宗贞观十四年（640年），"更令石工累方石为脚"，建造了石桥。更因"斗牛之间为天汉之津"，仍名"天津桥"。

天津桥还以当时洛阳八景之一的"津桥晓月"而驰名，许多文人墨客常常云集桥边，用华丽的辞藻对它作了生动的描述。如孟郊（孟东野）的诗句："天津桥下冰初结，洛阳陌上人行绝。榆柳萧疏楼阁闲，月明直见嵩山雪。"又如李白的诗句："天津三月时，千门桃与李；朝为断肠花，暮逐东流水。"

1919年军阀吴佩孚来到洛阳后，想在此进行封建割据，独霸一方。为了在洛河两岸筑兵营，便重修天津桥。古代修桥经费多为自愿捐钱，而他却巧立名目派"桥捐"，收"桥税"，用枪口和刺刀逼着抓来的民工，在天津桥西1里多远的地方修建"吴佩孚桥"。桥于1921年建成，至今残桥头还刻着"民国十年上海北方工赈协会重建"等字迹。这座混合着百姓血泪的钢骨水泥桥建成后，老百姓过桥还得缴"过桥费"，所以百姓又称它为"刮民桥"。

1932年淞沪会战爆发，国民党政府仓皇逃到洛阳，定洛阳为"行都"，乃不惜花重金从"国联"请来一个名叫顾桑的德国人进行设计，在今洛阳桥稍东处建桥。搜刮民脂

26000 银元，费时四年建成，定名"林森桥"。桥型为多孔悬臂带挂孔的混凝土梁桥，尚未通车，桥已变形，成为近代建桥史上的丑闻。民众称这座桥为"卖国桥"。

1944 年春，日本侵略者入侵至离洛阳还有二三百里处时，国民党守军不顾人民安危，匆忙炸桥而逃。当日寇进犯洛阳时，市民只好涉水而逃，侵略者在北岸架起机枪扫射，血染洛河，惨不忍睹。当时，"林森桥"尚存二孔，上面弹痕累累，血迹斑斑，至今残物犹存。天津桥因此成为"沦陷桥"。

● 卢沟桥——奇巧秀丽保通行

卢沟桥，又称芦沟桥，在北京市西南约 15 公里处永定河上，始建于 1189 年，金代明昌 3 年（1192 年）完工，历时 3 年，因横跨卢沟河（即永定河）而得名，是北京市现存最古老的连拱石桥。

卢沟桥

永定河发源于山西境内雷山，流经北京西北卢师山西面，故名卢沟。永定河实际为无定河，特别是冰雪消融时期，水位猛涨，河面又夹杂大量浮冰，奔泻而下，比恶龙作恶还要可怕。可是数百年来，卢沟桥安然无恙。原因何在？原来早在建桥前，先人们就根据水情、水势，把桥梁的形状设计得跟一条船一样，船头朝着逆水的西向，一旦狂流来袭，可以利用"船头"的分水尖导引水的流向，这样可以减少对桥墩的直接冲击力，然后在拱券脚以上垒砌六层厚压面石，最后又在分水尖的尖端镶上三角铁柱，以锐角迎击浮冰，铁柱锐利无比，确实发挥了护桥的作用，确保了人们的出行安全。因此，民间又称它为"斩龙剑"。

卢沟桥望柱上的石狮子，没有一个是重复的。为何石狮子会形态各异呢？事实上，今天卢沟桥上的狮子并非出自同一个时代。由于无定河喜怒无常，每当河水暴涨，总有几扇栏杆被冲毁，连同望柱上的石狮子也跟着遭殃——葬身河底，所以历代在修缮桥面的同时便需新刻一些狮子来补充，如此冲了刻、刻了冲，日积月累，卢沟桥便自然而然地形成了一座石狮雕刻艺术的博物馆了。像元朝的石狮子，刀法粗犷，造型朴拙，很有逐草而居的蒙古铁骑那骨子豪迈之气。明初的石狮子只是脸上的表情多了一些斧凿的痕迹。进入清代，卢沟桥的位置又属于京畿，深受京华金粉的熏陶，又恰值康乾盛世，这些综合因素反映在石狮子上的特色是华丽、自信与活泼，因此清石狮子的胸部都挺得高高的，系带的位置也从脖子移到胸前，一副君临天下的模样。由于石狮子过于逼真，一些皇室贵族经过时，仆人们怕吓坏了主人"惊了驾"，不得不提前把一些狮子用布套起来。此外，大狮子的身上还背着、趴着甚至躲着各式各样的小狮子，它们三三两两，有的伏在大狮子的头上或是背上，有的趴在大狮子身上，有的在大狮子的怀里耍逗，有的在大狮子身上跑跳，有的正在戏弄着大狮子身上的铃铛或绣球，真是千姿百态、神情活现、活泼可爱、萌态十足。

卢沟桥上，石狮子千姿百态，堪称是石狮雕刻艺术博物馆

从金代卢沟桥建成后，"卢沟晓月"就被列为燕京八景之一，并一直作为元明清的重要名胜。桥东头的碑亭内有乾隆皇帝所题的"卢沟晓月"碑，碑后有"御诗"，四周有四根龙抱柱。以"卢沟晓月"作为一处胜景，并非由于卢沟桥早晨的月色格外妖媚清亮，而是因为它是燕京门户，许多过往行人有机会看到五更的月色，卢沟桥距当时的京城还有几十里路程，来往官员、商旅以及进京赶考的书生等，大都要在此留宿一夜，第二天黎明再赶路进京，呈现一派"仕宦往还，冠盖云集"的繁忙景象；"金鸡唱彻扶桑晓，残月娟娟挂林纱"，又恰似一幅风情画，描绘出卢沟古桥的晨曦景色。实际上跋涉赶路的人们，由于事情各异，因而进京的心情也不同，他们驻足桥头，背靠西山，近看月下河水潺潺流动，远望京师城郭一片朦胧，心情总会是难以平静的，"卢沟晓月"形象地概括了人们的这种感受。

"卢沟晓月"碑

到了近现代，提起卢沟桥，妇孺皆知的便是震惊中外的卢沟桥事变。1937年7月7日，日寇蓄谋已久的卢沟桥事变爆发，把侵略整个中国的丑恶嘴脸、狼子野心暴露无遗，卢沟桥成为了深深烙在国人记忆深处的抗战之桥。

● 乐不思行，留恋忘行——瘦西湖上五亭桥

五亭桥，坐落在扬州瘦西湖园林之中，是瘦西湖的地标性建筑，始建于清乾隆

瘦西湖五亭桥

二十二年（1757年）。这一年，乾隆皇帝二下江南，巡盐御史高恒为博龙颜愉悦，为此兴师动众，召集能工巧匠设计建造了这座"上有五亭、下列四翼，洞正侧凡十有五"的风格迥异之桥。该桥有两个特殊之处。

一是设计风格的特殊。桥上造屋设店，虽说先秦时期就已有了，但五亭桥上建造了5座亭子，实属罕见。亭子的设计秉承江南水乡特色，玲珑剔透，纤细轻盈，亭上耸立宝顶，亭内彩绘藻井，亭外挂着风铃。桥墩则由大青石垒成，石缝衔接处用糯米汁胶合，坚固无比，宏大壮观，显得粗犷稳重，极具北方雄浑大气特色。清秀典雅的桥身与沉雄庄重的桥基，两者为何能配置得如此恰当和谐呢？答案在于把卷洞技术有机嵌入桥梁之中。建桥者把桥身建成拱券形，由不同风格的券洞联系，正面望去，连同倒影，大小不一，形状各异，桥梁券洞砌筑技术相当精致、细腻、复杂，空灵的拱顶券洞，配上敦实的桥基，加上自然流畅的比例，使二者达到了彼此和谐统一。这种和谐体现在园林设计与桥梁工程刚柔并济的深度结合上，体现在南秀北雄区域风格的有机契合上，体现在力与美、壮与秀的建筑风格优化整合上。

二是通行理念的特殊。桥梁的使命是方便通行，而五亭桥的设计理念似乎是让人驻足缓行，使人流连忘行，令人乐不思行。心情愉悦、闲情逸致之时则会步行、慢行，此时的桥梁是眼睛里满满美感的艺术之桥。五亭桥的建桥者充分利用光影、衬托、明暗、色彩、虚实、对比、对景、借景等手法，使人以情悟物，沉迷于这五亭之下，忘却桥的通行使命，让人驻足留恋，如梦如痴般欣赏着这艺术范十足的五亭桥。

五亭桥，顾名思义有亭有桥，亭子让人缓行休憩，驻足欣赏景致，因此五亭桥又称"吾停桥"或者"五停桥"。"吾停"是我要停下暂缓通行，那么"五停"又作何解释呢？第一停，在刚上桥未走到亭子时，站在桥上，风景绮丽的瘦西湖尽收眼底。这一停，是为乐水赏水而停，欣赏着瘦西湖的湖光水色，此时的五亭桥引发了人水一体的情感指向。第二停，继续沿桥墩信步到亭子下，只见亭子黄瓦朱柱，富丽堂皇，桥洞下湖水碧波荡漾，在水的映衬下，桥与影浑然一体，景静影动，虚实相生，动静兼济，情趣无穷。这一停，是为憩水恋水而停，静享水的清新透彻，品味水的至清至美。第三停，划着小

风光绮丽的瘦西湖

船荡漾在瘦西湖上，眺望五亭桥，桥湖交相映射，五亭桥不仅点缀着瘦西湖、美化着瘦西湖，与瘦西湖景色浑然一体，且俨然已成为瘦西湖的核心成员。此时，船、桥、人、水四位一体。这一停，是为戏水玩水而停，品味着诗书画卷般的艺术气息，此时的五亭桥激发了人与水近距离的热情互动。第四停，泛舟穿插桥洞间，春风拂面，别具情趣。这一停，只为触摸着横平竖直、挺拔敦厚的桥梁基石，感悟那曲径通幽、空灵无比的券洞风采，一直一曲，真可谓别有洞天，意境万千。第五停，中秋皓月当空时，极目远眺五亭桥，只见各洞衔月，倒挂水中，众月争辉，金色摇曳，水中捞月，不可捉摸，煞是好看。这一停，不仅是为了观赏"面面清波涵月镜，头头空洞过云桡"，更是为了那"夜听玉人箫"。

五亭桥，既继承了桥的自然通行属性，又升华为极具艺术特色、气派瑰丽的景致，让人行也美哉，停也美哉，使人在真实和虚幻中不能自己，真可谓"桥景水映成，美景桥缀成"。

● 泸定桥——艰难行进为功成

泸定桥，我国铁索桥的杰出代表，坐落在四川省泸定县城西的大渡河上，是连接川藏交通的咽喉之地，战略地位十分重要。

康熙四十四年（1705年），泸定桥动工兴建。康熙四十五年（1706年）泸定桥竣工之际，康熙皇帝亲自为该桥题写"泸定桥"桥名。据说康熙当时误以为大渡河即《水经注》

中所指的泸水，故赐桥名为"泸定桥"，取泸水平定之意。建桥以前，有内地经泸定县过大渡河去康定，大多利用一些渡口渡河，因高崖夹峙一水，地势十分险要，水深浪急，舟楫行人渡河，危险系数极高，常常船毁人亡。人们往往是还没靠近泸定河，那轰轰隆隆的河水咆哮声便已鼓荡耳膜，因此人们用大渡河来形容此河。一个"大"字，把"险、难、惊"等一连串能证明此河特色的字都涵盖了。此地建桥竟惊动了皇帝，这充分说明了此地的重要性以及通行的战略价值，也间接折射了"蜀道之难难于上青天"的现实困境。

泸定桥由桥身、桥台、桥亭三个部分组成。桥身，由 13 根悬挂空中的铁索组成，桥宽 2.7 米，两头通过桥桩系于两岸桥台后面，其中桥底铁索 9 根，上面覆盖纵横木板，左右两边各有铁索 2 根，用作扶手，铁索用 890 个扁环扣连而成，为了保证质量，建立了严格的追责制度。例如，不仅在铁桩上铸明工匠姓名，而且每一铁索的扁环上都刻有制作工人的代号。万一桥有损坏时，就可以凭着铸文找到制造的工人了。如果真有损坏，这位工人不管有理无理，首先就得先挨 200 大板。桥西有清康熙题"泸定桥碑"一座，东桥亭上匾额"泸定桥"三字亦为康熙手书，岸上并竖立康熙"御制泸定桥碑记"一块。桥东和桥西还分别铸造了长约 1 米的铁犀牛一头和浮雕蜈蚣一条，以镇大渡河汹涌澎湃的"水妖"。桥台上均建有桥亭，清代时驻兵，便于对路人进行盘查。东西桥头铁桩上都有"康熙四十四年岁次乙酉八月（或九月）造，陕西汉中府金火匠马之常铸桩重一千八百斤"的铸文。从汉中的山川沟壑到这里，千里迢迢，山高水险，桥工们依靠人力，一路艰难行进，克服了多少困苦。悬于空中且间距较长的铁索桥，晃动是在所难免的，尤其在风雨飘摇之时，更是"薄薄难承雨，翻翻不受风"，当踏上桥面，整个桥身起伏荡漾，如泛轻舟，过桥之人，不少感到目眩心骇，不能自持。为了减少晃动，泸定桥采取了两头分三处用铁夹板把九根底索锁住和使东西桥台稍有高差的办法，并制定了出行桥上不得跳跃、不准 25 人以上的人群同时过桥等规定。

泸定桥不仅是一座历史名桥，还因中国工农红军长征时强渡大渡河的英勇事迹驰名中外，并被载入中国革命的光辉史册，成为中国革命的一个重要时代坐标。1935 年 5 月，守桥敌人已经控制了对岸，并拆走了桥上木板，铁索高临江水之上，桥下汹涌奔流，莫说从铁索上走过去，就是看一眼也不寒而怵，狭路相逢勇者胜，红军勇士不顾长途劳苦，手持冲锋枪，背挎马刀，腰缠手榴弹，冒着对岸枪林弹雨，攀桥栏，踏铁索，边前进，边铺板，边战斗，冲进了对岸漫天大火的桥头堡，经过两个多小时激战，在敌人增援部队到达之前，攻克了泸定城。毛泽东同志后来写道："大渡桥横铁索寒。"一个"横"字，把多少艰难险阻一笔带过；一个"寒"字，是对红军强渡大渡河时无畏气势的真实衬托，革命豪情、英勇气势完全凌驾于水流湍急和铁桥高悬之上。

● 西安灞桥——折柳送行情意浓

灞桥位于西安以东 10 多里的灞河之上，久负盛名。灞桥因周边柳树众多，形成了千年传颂的"灞柳风光"，甚至派生出"折柳送别"这样的极具友情风味、传递美好祝福、文化底蕴深厚的行旅习俗。

在史料典籍中，灞桥是我国最古老的石柱墩桥。灞桥第一次横跨在灞水之上是在春秋时期，灞水原为滋水，秦穆公称霸西戎，为推进其雄才霸业，遂将滋水改为灞水，把强国之志和雄心抱负都赋予这灞水之中，寄情于水，以此明志，并于河上建桥，故称"灞桥"。

由于灞桥附近多植柳树，远远瞭望，长桥跨河，河滩宽阔，古桥石路，碧水蓝天。或许是受到这灞水的滋养，垂柳依依，一望无际，特别是暮春时节，柳青枝细，风吹柳絮，近扫眉梢，宛如雪花，轻舞飞扬，呈现出"灞柳风雪扑满面"的独特印象。又据《西安府志》记载："灞陵桥边多古柳，春风披拂，飞絮如雪，赠别攀条，黯然神伤。"有柳、有桥、有心声，既点出了折柳赠别的习俗，又淋漓尽致地表达了朋友之间的深厚情谊，构成了一幅幅引人入胜的灞桥折柳离别画卷。灞桥的刚与灞水的柔，刚柔相济；灞桥的静与灞水的动，动静结合。再加上柳枝拂动、柳絮纷飞，让人触景生情，因而自然而然地在"柳"

隋唐古灞桥遗址

与"留"的谐音中，发掘了柳的留别、留情、挽留的意象，且柳絮之"絮"与情绪之"绪"谐音，柳丝之"丝"与相思之"思"谐音，再加上柳以其柔长枝条，漫漫飞絮，唤起并契合了离别的思绪断肠，激活了惜别之人的离别记忆。于是古人将依依惜别的情怀寄托于娇柔细柳，因此就有了"年年伤别，灞桥风雪""杨柳含烟灞岸春，年年攀折为行人"这样的情景。

柳枝顽强的生命力，不仅能够借以慰藉羁旅异乡的寂寞孤旅，而且能够时常激发对故乡和亲人的思念之情。

水润柳，柳寄情，桥搭台，离别行，水不枯，柳常青，情常存，友谊浓，个中滋味，委实令人神往与感慨。

水与舟船

舟船之利，包含着智慧和技巧。同时，它改变着人们的思想和观念——到底是固守家园，还是走向外边的世界？是在自己的一亩三分地上苍老终生，还是去行走天下，流转求变？不同的选择又最终会带来什么？

● 独木舟——简易通行，永不过时

独木舟，又称独木船，是用一根木头制成的水上工具，是最早的船舶，可以说是船舶的鼻祖，被誉为"人类第一舟"。

独木舟产生于原始社会的渔猎时期。当时，捕鱼和狩猎是原始人的主要食物来源，狩猎有一定的危险性，而捕捞鱼类和其他水生动植物，则面临接触河川湖泊，甚至要征服水情这一难题，生存的需求促使人类去寻求有利于水上活动的工具。在河川湖泊等水面上，人们发现漂浮游移着无数的残木、败叶，开始，人们对之司空见惯，不以为意。但当人类为了捕捞食物，为了种族的繁衍，便萌发了寻找水上工具的愿望，于是因地制宜地制造出独木舟。古籍所

独木舟的产生使人类的活动区域更为广阔

记载的"古人见窾木浮而知为舟""古者观落叶因以为舟""刳木为舟"等，则有力地证明这种观点。

原始人类一开始可能只是把糟状朽木当做一般浮具使用，但久而久之，在无数次使用过程中，也许偶尔将抱持浮水改为坐在凹槽里，从而将双手解脱出来，也发现了它比一般浮具有较大的承载力，从偶然的动作变成有意识的试验，从利用自然形成的糟状朽木改进为模仿其形状由人工挖槽，独木舟正是这样一步步变化而来的。

一些古代先哲们甚至把舟上升到了治国理政、决心意志、经验教训的高度，例如，与舟有关的表示决心意志的成语有：破釜沉舟、济河焚舟、白鱼入舟、顺水推舟、逆水行舟；表示处世哲学的成语有：风雨同舟、同舟共济、吴越同舟；表示经验教训的成语有：舟中敌国、刻舟求剑、网漏吞舟、木已成舟、覆舟之戒、鸿毳沉舟、积羽沉舟、载舟覆舟等。

舟都离不开水，水与舟是一脉相承、一根相连、一体相依、一帆相随的辩证关系。纵观人类的发展历史，无一例外地经历了适应自然、学习和利用自然，进而以自身力量改造自然的逐步进程。师法自然，向大自然学习总是人类生存的第一步。独木舟也不例外，也遵循着师法自然这条规律，只不过这次是师法于水而已。正是师法于水，向水要生存、要发展、要精神，才使得独木舟获得了生生不息的发展，因而水是舟的物质所依、生命所系、精神所属、价值所获。

● 皮筏子——简单快乐，幸福航行

皮筏子，是黄河沿岸的民间保留下来的一种原始而古老的简易渡河、运载摆渡工具，古称"革船""革囊"。到了宋代，皮囊是宰杀牛、羊后掏空内脏的完整皮张，不再是"缝革为囊"，故改名为"浑脱"。浑做"全"解，脱即剥皮，合起来便是整体剥皮的意思。

在桥梁交通不发达的古代，生活在黄河上游沿岸的人们，为了解决渡河运输的难题，结合黄河水流特点、当地桥梁滞后现实以及养殖业特色，就逐渐想出了以皮筏代舟这一办法。人们最初是用单个的革囊或浑脱泅渡，后来为了安全和增大载重量，人们在实践中摸索出了将若干个浑脱相拼，上架木排，再绑以小绳，成为一个整体的办法，

皮筏子复原模型

故称为"皮筏子"或"排子"。古诗中："纵一苇之所如，凌万顷之茫然"，就是指皮筏破浊浪、过险滩的情景。皮筏子历史悠久，据《后汉书》载，护羌校尉在青海贵德领兵士渡黄河时，"缝革囊为船"；《水经注·叶榆水篇》载，"汉建武二十三年（公元47年），王遣兵乘革船南下"；《旧唐书·东女国传》载，"用皮牛为船以渡"；白居易在《长庆集·蛮于朝》中云"泛皮船兮渡绳桥，来自巂州道路遥"；《宋史·王延德传》载，"以羊皮为囊，吹气实之浮于水"。自汉唐以来，上自青海，下自山东，黄河沿岸使用皮筏子经久不衰，算来至少有2000多年的历史。

皮筏子开始是采用牛皮，后来由于羊皮有品种多、体积小而轻、吃水浅、成本低廉、便于组筏、易充气、易搬运等特点，在民间尤其是黄河流域被广泛使用。民间有"宰死一只羊，剥下一张皮，捂掉一身毛，涮上一层油，曝晒一个月，吹上一口气，绑成一排排，可赛洋军舰，漂它几十年，逍遥似神仙"的顺口溜。据说抗战时期，兰州一筏子客用羊皮筏子从四川广元运输汽油到重庆，这个轰动山城的故事，成为兰州百姓的美谈，并以"羊皮筏子赛军舰"美誉而载入史册。

古代，人们要想给皮筏充气，办法只有一个——用嘴吹。只有体格非常健壮、肺活量很大的人才能吹得起。在"吹牛"的时候，也常常会显得英气逼人，气势夺人，断非常人所能为。故当地人见到有人夸海口，说大话，往往以"请你到黄河边上去"来讥讽，意思是让其去吹羊皮囊或牛皮囊。据考证，俗话"吹牛皮"就来源于此。

划皮筏子的水手被称为"筏子客"，他们都是有经验老到、深谙黄河水性的老"把式"。过去做"筏子客"非常危险，是在刀口浪尖上讨营生。一要心细，二要胆大，因此有很多讲究，比如不能说"破""沉""碰""没""断""翻"等不吉利的字，首次出行还要挂红、放炮、焚香、祭奠河神。凭着一身胆气和汗水，柔情与野性并存、原始与纯粹同在、粗狂与心细并举的筏子客挥动着水面上劈波斩浪的旧船桨，就这样生生不息地放筏在滔滔黄水之上，就这么波峰浪谷里颠簸着顺境逆境的人生。

● 隋炀帝龙舟——水殿龙舟助帝行

龙舟，是指做成龙形或刻有龙纹的船只。到了隋朝，龙舟则成为帝王出游时的享乐

羊皮筏子

图说水与衣食住行

工具，如《隋书 · 炀帝纪》中记载："上御龙舟，幸江都。"

隋炀帝杨广登上皇位之后，"慨然慕秦皇、汉武之功"，曾三次傍运河水从洛阳游扬州，为此多次征用几十万民工，在江南采伐大批木料，为他建造龙舟及杂船万余艘。隋炀帝的龙舟船队其数量之众多、规模之庞大、等级之森严、君臣之有别、航线之科学，在古代造船史、航运史上皆属罕见。

隋炀帝登基后，曾三次顺运河下扬州，所乘龙舟雄伟奢华，堪称水上宫殿

船队有船 5191 艘，从远处看根本分不出哪是河中哪是岸上，只见旌旗蔽野、鼓乐震天，一望无尽，何等壮观！

出征时，整个船队舳舻相接 200 余里，船队在运河里行，20 万骑兵在两岸护卫，为整个船队拉纤、被称为"殿脚"的船士总共有 8 万多人，其中挽"漾彩"船以上的人就有 9000 多。这还不是船队的全部，最后还有为隋炀帝殿后的御林卫队，他们乘坐的平乘、青龙、艋艟、艇舸等船达数千艘，每艘船上载卫兵 12 人，船上装有兵器、帐幕等。

隋炀帝乘坐的水上宫殿——龙舟，位于最前面，高大宽敞、雄伟奢华、楼阁巍峨、雕镂奇丽、彩绘金饰、气象非凡、豪华至极，堪称水上之宫殿。龙舟共 4 层，高 45 尺（12 米，隋代每尺折合现在 0.273 米）、长 200 尺（54.6 米）、阔 50 尺（13.6 米），其中最上层有正殿、内殿、东西朝堂；中间 2 层有 120 个房间，皆饰以金玉，装修极尽奢华；下层为内侍的居处。龙舟高数层，船体要用很多大木料，木料的长度有限，这就要求把许多较小较短的木料连接起来，同时，船体的骨架与板之间，船体与上层建筑物之间的连接技术要求很高，连接不好就不坚固，所以在龙舟的结构强度中，连接是极重要的。龙舟的连接方法是采用榫接结合铁钉钉连，用铁钉比用木钉、竹钉连接要坚固牢靠多了，隋代已广泛采用了这种先进的方法，为保持大船的稳定性，防止倾覆，采用了在船底铺龙骨，沿船舷纵向铺设的压载技术，并用很多大木连接，形成船体的主要受力构件，充分表现了我国古代劳动人民在造船方面所具有的非凡创造能力，其建造技术在当时是世界上无与伦比的。

从船只的名称来看，船队中有朱雀航、苍螭航、白虎航、玄武航。朱雀、青龙（又称苍龙、苍螭）、白虎、玄武，在古代，人们常用以指代四方之位。《礼记·曲礼上》曰：
"行前朱雀而后玄武，左青龙而右白虎。"《疏》曰："前南后北，左东右西，朱雀、玄武、
青龙、白虎，四方宿名也。"船队中以这些代表方位的宿名来命名有关船只，各为24艘，
规制如一，绝不是偶然之巧合，而应是表示它们在行进中的方位的。此外，还可以船只
的功能来推测。如飞羽舫、青凫舸、凌波膜，船名本身就有捷明轻快之意。

从伦理角度看，人们痛恨甚至诅咒隋炀帝，因为他的大兴土木，使数以万计的黎民
苍生家破人亡；但从历史角度看，则要钦佩、赞颂他，他客观上促进了中国南北经济、
文化的交流和政治上的统一，而无论是隋朝的水利技术还是造船技术，都统统为李唐王
朝以及后世所全盘笑纳。可以说，历史无情，豪华不再，江山易主，无道终归于有道，
或许用"尽道隋亡为此河，至今千里赖通波。若无水殿龙舟事，共禹论功不较多"来概
括隋炀帝的运河龙舟是再合适不过了。

● 郑和宝船——乘风破浪下西洋

大明王朝打造出了当时世界上最大的木帆船——郑和下西洋所乘的宝船。据《明史》
记载，郑和船队是由100多艘海船组成的一支国字号的联合舰队，船队的主体船舶为宝
船、马船、粮船、座船和战船五列海船。郑和所乘的一号宝船，长44丈4尺，阔18丈，体势巍然，巨无匹敌。折合现今长度为151.18米，宽61.6米，是当时世界上最大的海船。宝船的船体之上，共有4层，上层建筑豪华壮观，为郑和舰队的旗舰，也为使团的重要成员、外国使节所乘坐。船上设立9桅，张12帆，锚重有几千斤，要动用200多人才能起航，一艘船可容纳千人。《崇明县志（康熙）》记载：明成祖永乐二十二年（1424年），郑和远航归来，但因"船大难进浏河"，不得不"复泊崇明"。

郑和宝船
复原模型

为什么把郑和的船叫做宝船？有多种说法。一是"宝物说"，这些船上装载着明朝皇帝赏赐给西洋各国的礼品、物品，也有西洋各国进贡明朝皇帝的贡品、珍品，还有郑和船队在海外通过贸易交换得来的物品，故称为"宝船"，意为"运宝之船"；二是"造船技术说"，由于宝船造船技术巧夺天工，无论从整体设计还是建造工艺以及排水量等方面，在当时均遥遥领先于世界（郑和下西洋比麦哲伦航海到达菲律宾早 116 年，比哥伦布的远洋航行早了 87 年）。因此，从造船技术、制作工艺上也可称之为"宝船"；三是"传经送宝说"，即传播天朝礼制体系下的王道航行理念，尽管在政治上郑和船队出行是宣扬国威，经济上是获取海外土特产以满足各方需要，军事上是打击海盗，变相地执行着海禁政策，甚至为了寻找失踪的建文帝，但更重要的原因是宣扬天朝协和万邦的礼制体系，即全天下的各个国家之间不论近远，大家一律平等，不能够恃强凌弱，以众欺寡。

郑和下西洋，与各国建立友好邦交

这个理念来源于哪里呢？来源于中国传统的儒家的天下观。中国的儒家天下观宣传的是天子受天命统治中国，覆载之内不论近远，大家平等相处，以和为贵，不能以大欺小，而儒家观念的灵感或许是继承了东方古国大禹治水因势利导的传统，或许是萃取了水利万物而不争的本色，所以朱棣希望通过郑和，去宣传他的天下秩序的理想，建立天朝礼制体系，最终实现共享太平之福。郑和及其令人生畏的强大舰队，从未仰仗着它的坚船利炮而欺辱别国，也从未在海外建立过一块殖民地，只是播撒了和平友谊的种子，留下的是与沿途人民友好交往和文明传播的印记。因此，一些地方以郑和的称号——三保（宝）为地名，并且建立庙堂馆所以示对郑和的供奉崇拜。

● 颐和园石舫——永不行驶的石船

中国古代有种"方船"，"方，并两船也"，即双体船，或叫双帮船。双体船行速慢，但航行平稳。皇室贵族看中这一优点，往往大加修饰乘坐游幸，称为画舫，又称增彩船。

其实舫的本意就是船，如平乘船又叫平乘舫。只是舫与方同音，就逐渐以舫代替了方。石舫，又称石船、旱船或不系舟，是中国古代园林中模仿画舫的装饰性建筑。一般位于人工湖近岸的水中，下部为半浸于水下并固定的石制船身，上部有木结构的舱楼。从装饰上说，石舫在园林中引入了船的形象，又无船的晃荡不安感。

颐和园石舫，又称清晏舫，坐落在颐和园万寿山西麓昆明湖岸边，是园中著名的水上珍品建筑。石舫的前身是明朝圆静寺的放生台，乾隆修清漪园时，改台为船，更名为"石舫"，修建于清乾隆二十年（1755年）。船体乃用巨石雕砌而成，全长36米，高约8米，舫上舱楼为古建筑形式。乾隆皇帝就石舫有一首《咏石舫》诗："雪棹烟篷何碍冻，春风秋月不惊涛。载舟昔喻有深慎，磐石因思永奠安。"从乾隆这首诗中，则是把不沉的石舫作为国家政治安定的象征，寄望统治稳固。但民间流传乾隆不服"水能载舟，亦能覆舟"的道理，为了象征国家（船）不会因人民（水）覆亡而下令兴建永不沉没的石船。

然而乾隆或许想不到，从建成后仅仅过了105年，这象征大清王朝江山永固的石舫就被英法联军的坚船利炮所损坏。英法联军1860年入侵北京时，舫上的中式舱楼被焚毁。历史到了1893年，慈禧为了过50大寿，下令要修万寿园，面对修园的巨额费用，甚至不惜动海军军费，可是动用海军军费总要有个幌子，于是就打着训练海军的旗号，把包括石舫在内的颐和园修得一片辉煌，将原来的中式舱楼改建成西式舱楼，并取河清晏之义，取名清晏舫，作为慈禧太后观景和饮宴的地方。船身上建有两层船楼，顶部用砖雕装饰，下雨时，落在船顶的雨水通过四角的空心柱子，由船身的四个龙头口排入湖中，设计十分巧妙，船底花砖铺地，窗户上镶嵌彩色玻璃，显得精巧华丽。修完，就挂出一块牌子叫"水操学堂"。慈禧生日当天，一面是日寇磨刀霍霍随时砍向大清，一面是整个颐和园张灯结彩，钟鼓齐鸣。老佛爷不仅下令拆掉石舫上象征性的石炮，索性又把水操学堂也给赶了出去，使颐和园完全变成享受之地。

　　船的生命是水给的，是风给的，水载舟，风推舟，鼓满风的帆才是有生命的帆，而石舫只能终止梦想，止步于臆想。

第六章 生命之源，生活之需

——水与人体健康

水为生命之源

"水是生命之源，水是健康之基。"数十亿年以前，最原始的生命就诞生于海洋。水，伴随着人类走过历史，并继续走向未来。

中国汉字的"海"字，道出了水为人的生命之源的真谛，它左边是三点水，上面一个人，下面一个母亲的"母"，意为水是人类的母亲，这与生命起源于海洋的科学观点不谋而合。

水是细胞生存的基础。水质决定细胞生存质量，水的活力决定细胞生存活力，亦即决定人体生命活力。民以食为天，食以饮为先。"人可三日无餐，不可一日无水"。因而水是人类生活中接触最多、应用最广、须臾不能离开的物质。

水是人的生活中不可或缺的物质

● 水对人体健康有重要作用

水是人体重要的组成部分。正常成人体液总量约占体重的 60%，其中细胞内液约占体重的 40%，细胞外液占 20%（其中血浆占 5%，组织间液占 15%）。

水和无机盐虽不能供给人体活动所需的能量，但对维持肌体正常功能和物质代谢具有重要意义。物质代谢都是在体液中进行的，体液对于输送生命所必需的物质、排出代谢产物、沟通组织器官之间的联系、维持体内环境的稳定以及保证细胞代谢和功能的正常都具有重要的作用。

有人曾用两条狗做过一项实验：一条狗断水、断食12日死亡，另一条狗只断食不断水，却存活了25天。人类也在众多的实验和观察中证明，在能够保证饮水和睡眠活动正常的情况下，人可以在一段时间内不吃任何食物，即辟谷（辟是排除的意思，谷是五谷）。在人们辟谷的时候，水要喝，觉要睡，这样才能维持生命。科学研究还证明，如果进水不进食，人可生存20天至30天，不进水，则3天至7天人就会因饥渴而死亡。

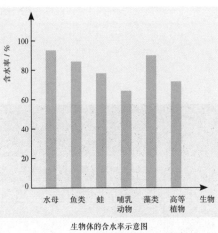

生物体的含水率示意图

- ● 水在人体内的生理功能

水是体温的调节剂。水对体温的调节与水的理化性质有密切联系。水的比热大，1克水从15℃升至16℃时需要1卡或4.2焦耳热量，比同量固体或液体所需的热量多，因而水能吸收较多的热量而本身温度升高不多；水的蒸发热大，1克水在37℃时完全蒸发需要575卡或2.4千焦耳热量，所以蒸发少量的汗液就能散发大量的热；水的流动性大，能随血液迅速分布全身，而且通过体液交换，使物质在代谢中产生的热通过体表散发到环境中去。

水也是新陈代谢的必要媒介。水也可直接参与代谢反应，如水解、加水脱氢等。

水能维持细胞功能。人体是由无数的细胞组成，这些细胞的成分大部分是水（体内的水大部分与蛋白质、多糖结合并以结合水的形式存在，只有一小部分以自由水的状态存在）。水是维持细胞内外渗透压的重要因素，在保证细胞正常代谢，乃至细胞或整个器官的外形方面，均起着重要作用。

水能防止呼吸道传染病。呼吸道是人体呼吸系统疾病的第一道防线，如果水补给少，呼吸道黏膜细胞因缺水而萎缩，分泌黏液就会减少，黏附病毒能力随之下降，细菌非常容易进入人体内引发流感、气管炎等疾病。

人体组织及器官的含水率示意图

水在生命活动中的重要功能早已被经典生理学、生物化学和医学的实践所证实。当人体内失水量达到体重的15%时，可导致死亡。生病时若无法进食，首先需要补水。人在孤立无助的困境中，只要有水，生命就会维持较长时间。

人体内的水分随着年龄的增加而逐渐减少。一般婴幼儿体液比成人多，成年男性比女性多，瘦人比胖人多。肌肉含水率可达 75% 至 80%，如心肌含水率 79%。

婴幼儿由于体内含水率高，需水量大，同时，婴幼儿的新陈代谢旺盛，而调节水和电解质平衡的能力差，故较成人更易因失水或缺水发生水和电解质平衡失调。

随着人的年龄增长，水在人体中所占的比例逐渐下降。这个事实在抗衰老研究方面引人关注。从某种意义上说，衰老的过程（例如皮肤干燥、皱纹增多等）就是人体脱水的过程。

喝水的学问

喝什么样的水更有利于人身体健康呢？健康的水中应含有矿物质和微量元素，但也不是矿物质越多越好，矿物质和微量元素含量适中才是健康的水。

水的硬度是指溶解在水中的矿物盐类的含量，也就是钙盐与镁盐的含量。水的硬度常用水中碳酸钙浓度表示：碳酸钙浓度低于 150 毫克 / 升的水称为软水，高于 300 毫克 / 升的水称为硬水，介于 150 毫克 / 升至 300 毫克 / 升之间的称为中硬水。饮用硬度为中度的水最有利于人身体的健康，长期饮用过硬或者过软的水都不利于人身体健康。调查发现，长期饮用硬水的人易患结石病。人的某些心血管疾病，如高血压和动脉硬化性心脏病的死亡率，与饮用水的硬度呈反比，水质硬度低，死亡率反而高。

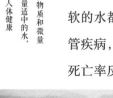

● 自来水

自来水的水源有江、河、湖及地下水等，是天然水，是符合人体生理功能的水，自来水在出厂时一般已经达到国家标准，而某些国家和地区由于采用了较高的质量管理标准，自来水可直接饮用。

● 矿泉水

矿泉水是一种自然资源，由地层深处开采出来，含有丰富的稀有矿物质，略呈碱性，pH 值约为 7.3。由于人的身体条件不同，所需微量元素种类和数量也不同，因此矿泉水的微量元素和离子并非对所有人都有益。

好的矿泉水要符合三条标准：海拔 2000 米以上，地下 1000 米以下，方圆 20 公里无污染源。

● 矿物质水

矿物质水是指在纯净水中按照人体矿物质和微量元素浓度比例添加矿物质元素配制而成的人工矿泉水，它是科技手段在饮用水中的体现。

● 纯净水

纯净水是一种软水，经多重过滤去除了各种微生物、杂质和有益的矿物质，pH 值一般为 5.0 至 7.0，偏酸性。人体体液是微碱性，pH 值为 7.35 至 7.45。制作纯净水时废水量特别大，因而对水资源的浪费也非常严重。

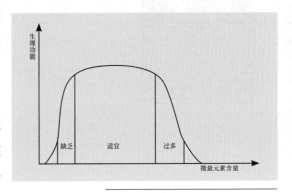

微量元素与生理功能关系示意图

"纯净水的优点是干净，而它的缺点是太干净了"。人体代谢排出的尿液和汗液里含有很多矿物质和微量元素，需要及时从饮用水和食物中得到补充，否则会造成人体内矿物质和微量元素代谢失衡。纯净水缺乏对人体有益的矿物质和微量元素，长期饮用会降低人体免疫力并引发某些疾病。

● 饮料类

水与饮料在功能上并不能等同。不能用饮料、咖啡等代替正常补水。由于饮料中含有糖和蛋白质，又添加了不少香精和色素，饮用后不易使人产生饥饿感，还会降低食欲，影响消化和吸收。咖啡会影响钙的吸收，让神经系统兴奋而造成失眠或神经紧张等。

我国的广西巴马县就是世界上著名的长寿乡之一。其原因之一就是当地的生活用水都是符合健康标准的纯天然矿泉水。

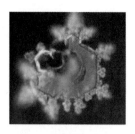

普通水质
（在高倍电子显微镜下观察的结果）

活性水
（在高倍电子显微镜下观察的结果）

普通水和活性水的分子结构图

理想的健康水应具备七大特征：第一，无污染，不含任何对人体有毒、有害及有异味的物质。第二，水的硬度适中，一般为100毫克/升左右（以碳酸钙计）。第三，含有人体健康所必需的适量矿物质。第四，pH值呈弱碱性。第五，水中溶解氧适度，6毫克/升左右。只有溶解了氧的水，才是生物活性水。第六，水分子团小，6个水分子以下的水分子团称为小分子团水。第七，水的媒体生理功能，如水的溶解力、渗透力、乳化力、代谢力等要强。

健康的小分子团水具有漂亮的六角形结构，是像雪花一样的晶体。

● 每天该喝多少水

正常成人每日需要摄入水量约2500毫升，体内水的来源有三：第一，食物。各种食物含水率不同，成人每日可从食物中摄入的水量约1000毫升。第二，饮用。从饮水、饮料、茶、汤及其他流质食物中摄入水量约1200毫升，但摄入水量常随气候、劳动强度和生活习惯而异。第三，代谢水（又称内生水）。每天人体内的糖、脂肪和蛋白质等营养物质在体内氧化时所产生的代谢水量约300毫升。

正常人每日的出入水量相等，维持着人体内水的动态平衡。人体内水和电解质的摄入量与排出量正常情况下是通过神经系统：即神经—体液、肾脏等的调节作用维持着动态平衡。

人每天除正常吃饭外，至少要喝约1200毫升的水才能满足人体所需。很多时候还要多喝水：例如，剧烈活动或大量出汗后应多喝水，此时特别要多喝含有电解质的水；又如，生病时特别是发烧时要多喝水，因为体温每升高1℃新陈代谢就加快大约7%，也就是说比平时多需要7%的水分。

● "不渴不喝"对不对？

通常人们觉得口渴时才会喝水，这是不科学的。当人感觉到口渴时，身体已经处于轻度脱水，口渴正是人体发出需水的求救信号。

● 清晨饮水好处多

老祖宗传下来一句话："晨起皮包水，睡前水包皮，健康又长寿，百岁不称奇。"即是说早晨空腹喝水，晚上睡前泡脚，有助于健康长寿。

人在夜间睡眠时，通过皮肤蒸发和呼吸会失掉一部分水，加上肾脏排尿，体内的器官和组织细胞内的水分就会相对减少，而清晨空腹饮水可以马上补充这些失掉的水分，对健康很有益处。清晨饮水不但补充了夜间必然丢失的水分，对肠胃也是一次大清洗。晨起空腹饮水可以促进肠胃的蠕动，有利于排便。同时，由于水分的迅速吸收，使血液稀释，黏稠度降低，对防治心脑血管梗塞性疾病及结石病等大有好处。

清晨起床后，凉开水最适合饮用，尤其是早晨起床坚持空腹喝一杯凉开水，有祛病健身的作用。所谓凉开水，就是把烧开的水倒入茶杯，盖上杯盖，冷却到25℃左右。开水自然冷却后，其生物活性比自然水要高出4至5倍，与生物活细胞里的水十分相似，因而易于渗入细胞膜被人体吸收,并能促进新陈代谢，增强人体的免疫功能。喝水后不要立刻吃早餐，等待半小时让水融入每个细胞，进行新陈代谢后再进食。

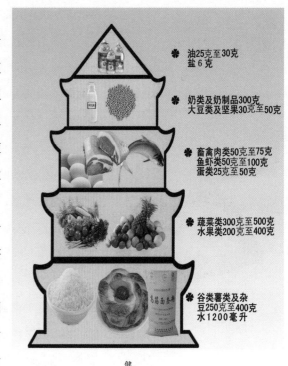

* 油25克至30克
  盐6克
* 奶类及奶制品300克
  大豆类及坚果30克至50克
* 畜禽肉类50克至75克
  鱼虾类50克至100克
  蛋类25克至50克
* 蔬菜类300克至500克
  水果类200克至400克
* 谷类薯类及杂
  豆250克至400克
  水1200毫升

健康饮食结构图

中医认为喝"阴阳水"对身体最好。即把头天晚上煮沸的水晾凉，经过一晚，第二天喝时加点热水进去就是"阴阳水"。因为热水是阳性的，而夜主阴气，水晾凉经过一夜就偏阴性了，喝时再添点热水就成"阴阳水"。"阴阳水"可调理中焦脾胃，帮助人体消化食物，治疗腹胀。最好卯时（即早晨 5:00 至 7:00）喝水，此时人体气血行大肠经，此时大肠吸收功能最佳。

古语有"朝朝盐水，暮暮蜜糖"的说法。按照中医理论，咸属水，归肾经，如果早上喝一杯淡盐水，可以调动肾脏元气，保持一天的精神。到了傍晚的时候，用温开水（不超过60℃）冲一杯蜂蜜喝，这样可以濡养脾胃，促进健康。

● 每天不间断补充水

上午、下午工休时间也要喝一些水，可以补充工作期间人体水分的丢失，而且体内代谢的废物也会因此顺利排出。

若餐前喝点水，可稀释消化液且有饱腹感，减少主食摄入，有助于减肥。

老年人临睡前适当喝点水，可以降低血液黏稠度，从而降低患脑血栓的风险。有心脑血管疾病的人，睡前的这杯水，可能是一杯救命水。此外，在干燥的秋冬季节，睡前少量饮水还可以滋润呼吸道，能帮助人更好地入睡。

● 特殊情况下要补水

剧烈运动前后可适量饮用运动饮料

对于爱运动的人来说，合理补水就更重要了。因为运动时人体水的代谢量要远远高于安静时的水平。如果跑步1小时，其出汗量为安静时的2倍至3倍，而进行一场中等强度的足球比赛，出汗量可以达到4倍至10倍。

大量出汗时失水将带来失钠，会导致人体内水与电解质平衡的失调。因此，在给运动后大量出汗或高温环境下作业的人员供应饮料时，必须注意适当补充丢失掉的电解质。

剧烈运动前后可适当补充些运动饮料。运动饮料中含有少量糖分及电解质钠、钾、镁、钙以及多种水溶性维生素，它能及时补充水分，维持体液正常平衡；迅速补充能量，维持血糖稳定；及时补充无机盐，维持电解质和酸碱平衡，改善人体的代谢和调节能力。运动饮料主要针对运动员或经常参加健身的人群，普通人如果每天的运动时间不超过1小时，就没有必要喝运动饮料，喝白水即可。若盲目喝运动饮料，其中的各种电解质会加重血液、血管、肾脏负担，引起心脏负荷加大、血压升高，造成血管硬化、中风等。

大量出汗要补水

果汁不能代替运动饮料。果汁中过高的糖浓度使果汁由胃排空的时间延长，造成运动中胃部不适。此外，补水还要注意时机，运动前、运动中和运动后都要适量补充。运动前补水能避免运动中的脱水，还能延长运动时间；运动中补水，可以预防脱水对心脏、肌肉代谢造成的危害；运动后补水能促进代谢废物的排出，消除疲劳。因此，运动人群和高温作业者一定要重视合理补水。

夏日炎炎，很多人都会选择饮用冰水，又或特意在水中加冰饮用。其实冰水对胃肠功能不利，饮用温开水更为有益，因为温开水特别容易被身体吸收。

喝水要少量多次小口地喝。因为一次喝下太多水时，肾脏会接收到进水太多的讯号，便会加速排尿的速度，反而让喝下去的水立刻流失，没有足够的时间送到身体各处，而且喝水太快，容易引起肚胀。

一般来说，人的尿液为淡黄色。如果颜色太浅，则可能是水喝得太多；如果颜色偏深，则表示需要多补充一些水。

对上尿路结石患者，一般如直径小于 0.6 毫米光滑的结石，无尿路梗阻、无感染，有的仅仅多饮水就能自行排出结石。尤其是直径小于 0.4 毫米光滑的结石，90%能通过多饮水自行排出。

对便秘的患者，医生会让多食粗粮、蔬菜水果等富含膳食纤维的食物，这些食物能在肠道结合大量水分，增加粪便的含水率，有助于改善便秘。

多喝水也会缓解过激或抑郁症状。英国东伦敦大学的研究发现，学生在考试前喝杯水，可以提高认知能力，使他们在考试中的表现更出色。而对于上班族，在压力过大或需要做决定之前喝杯水，可以使头脑变得更清晰。

夏日冰饮有损肠胃功能，不宜多饮

为避免严重呕吐或腹泻后引起的脱水症状，可以适当喝些淡盐水来补充体力，缓解虚弱状态。吃了不洁食物出现恶心，可以利用淡盐水催吐。呕吐是一种保护性反应，吐干净以后，用盐水漱口，可以起到简单地消炎的作用。

● 多"喝"看不见的水

有的人看上去一天到晚都不喝水，那是因为由食物中摄取的水分已经足够应付所需。翻开食物成分表不难看出，蔬菜水果的含水率一般超过 70%，即便一天只吃 500 克果蔬，也能获得 300 毫升至 400 毫升的水量（约两杯）。加之日常饮食讲究的就是干稀搭配，所以从三餐食物中获得 1500 毫升至 2000 毫升的水量并不困难。

充分利用三餐进食的机会来补水，多食蔬菜水果和少盐的汤粥，补水效果都很好。平时要多吃碱性食物（如水果、蔬菜、茶叶、豆制品、海带、葡萄酒、蛋白、牛奶、酸奶、食醋、蜂蜜等），对身体有益。食品的酸碱性与其本身的 pH 值无关，味道是酸的食品不一定是酸性食品，主要是以食品经过消化、吸收、代谢后最终在人体内变成酸性或碱性的物质来界定。动物的内脏、肌肉、脂肪、蛋白质、五谷类，因含硫、磷、氯元素较多，

水果是碱性食物，多食既可补充体内水分，也利于身体健康

在人体内代谢后产生硫酸、盐酸、磷酸和乳酸等，他们是人体内酸性物质的来源；而大多数菜蔬水果、海带、豆类、乳制品等含钙、钾、钠、镁元素较多，在体内代谢后可变成碱性物质。

● 勿用饮料代替饮用水

白开水最能解渴，进入体内后能很快发挥代谢功能。平时喝白开水的人，体内脱氧酶的活性高，肌肉内乳酸堆积少，不容易疲劳。多喝白开水有利于代谢废物的排出，不要用饮料代替白开水。

对于一些患有结石、痛风、高血脂的患者来说，无论是哪个季节、出汗量大不大，每天至少要喝 2000 毫升以上的水，才会对病情好转更有帮助。

● 不宜喝的几种水

其一，老化水。又称"死水"，也就是长时间贮存不动的水。据科学研究证实，水分子是呈链状结构的，水如果不经常受到强烈撞击，这种链状结构就会不断扩大和延伸，变成老化水。老化水活力极差，水中的有害物质会随着水贮存时间的增加而增加。

其二，千滚水。千滚水是在炉上沸腾了很长时间的水。电热水器中反复煮沸的水、重新煮开的水，类似于千滚水。

其三，蒸锅水。蒸馒头等的剩锅水，特别是经过多次反复使用的蒸锅水，亚硝酸盐浓度很高，不能饮用。

其四，生水和没烧开的水。野外的生水含有害的细菌、病毒和寄生虫，饮用后，易得急性肠胃炎、肝炎、伤寒、痢疾及寄生虫感染。人们饮用的自来水，都是经过氯化消毒灭菌处理过的，经氯处理过的水中可分离出 13 种有害物质，其中的卤化烃、氯仿还具有致癌、致畸作用。当水温达到 100℃，这两种有害物质会随蒸气蒸发而大大减少，如继续沸腾 3 分钟，则变得更安全。

其五，空气中久置的水。如果凉白开水在空气中暴露太久，可能受到环境、空气乃至容器的污染。

其六，饮水机中存放太久的水。饮水机的二次污染主要来自水胆、水道等，这些部位如果长期不清洗或消毒，就会沉积污垢，成为细菌和病毒孳生的温床。饮水机每次放水时，都会通过透气吸入空气，即使在清洁的环境中，每立方米的空气中也有4000个细菌，这些细菌随着桶内水的逐渐减少和空气的不断增加而增多，并随着时间推移繁殖增生。

● 国际公认的6种保健饮品

目前，国际公认的6种保健饮品是绿茶、红葡萄酒、豆浆、酸奶、骨头汤和蘑菇汤。

绿茶中的茶多酚有抗癌功效。绿茶中还含有氟，饭后用茶水漱口可消灭牙齿菌斑，长期坚持饮绿茶可坚固牙齿。绿茶本身含茶甘宁，可提高血管韧性，防止血管破裂。

喝红葡萄酒，可以抗氧化、抗衰老、降血压、降血脂、预防心脏病。世界卫生组织建议：喝葡萄酒每天不超过50毫升至100毫升。不会喝酒的人可带皮吃红葡萄，一样保健。

豆浆是中国传统饮品，它是将大豆用水泡胀后打磨成浆，过滤煮沸而成。其营养丰富，易于人体消化吸收。

酸奶是以牛奶为原料，经过巴氏杀菌后再向牛奶中添加有益菌，再经发酵后冷却灌装的一种奶制品。它保留了牛奶的所有优点，是更加适合人类的营养保健品。

骨头汤是人们喜爱的食品，含有丰富的卵磷脂、类黏蛋白和骨胶原，里面的胶原蛋白能疏通微循环，有抗衰老作用，骨头汤里含的豌胶可延年益寿。秋冬季节，用骨头加黄豆煨汤，有良好的滋补功效。

蘑菇的子实体含有丰富的营养物质，蛋白含量在30%以上，营养价值高，热量低。蘑菇汤汤鲜味美，喝蘑菇汤能提高人体的免疫力。

中药代茶饮

中药代茶饮，指用中草药与茶叶配用，或以中草药（单味或复方）代茶冲泡、煎煮，然后像茶一样饮用。中药代茶饮为我国的传统剂型，尤其适于慢性病的治疗及对机体机能的调整。

绿茶是国际公认的保健饮品之一

骨头汤有良好的滋补功效

养心安神
活血通络

火
心

火生土

木生火

疏肝理气
除湿解毒

木
肝

益气健脾
帮助消化

脾
土

木克土

火克金

长夏土

金克木

土克水

水克火

水生木

祛风散寒
止咳润肺

肺
金

滋阴壮阳
强筋壮骨

肾
水

水生金

中医五行图

中药代茶饮的品种很多，常用的有玫瑰花饮、柠檬水饮、菊花饮、大麦茶饮、棠梨水饮等。玫瑰花性微温，并含有丰富的维生素，具有活血调经、疏肝理气、平衡内分泌等功效，对肝、胃有调理作用，并能消除疲劳、改善体质，适于春季饮用。此外，其能有效缓解心血管疾病，并能美容养颜，有助于改善皮肤干枯、去除皮肤上的黑斑。益母草有活血祛淤，清热解毒之功效，对月经不调、经闭、腹痛的女性较为适用，而阴虚血少者就应忌服，因为益母草的活血作用会导致血虚而伤阴。

还有很多女性喜欢随手泡柠檬制成柠檬水，以此补充维生素 C，让皮肤变得更白皙。柠檬水富含维生素 C，具有抗菌、提高免疫力的作用，但由于偏酸，不能空腹喝。喝多了还会损伤胃黏膜，对牙齿也不好。

菊花具有养肝平肝、清肝明目的功效，特别适宜春季饮用，尤其适合工作与电脑有密切联系的女性。同时，其可排毒健身、祛邪降火、疏风清热、利咽消肿，对体内积存的有害化学或放射性物质有抵抗、排除的功效，还能抑制多种病菌，增强微血管弹性，减慢心率、降低血压和胆固醇，并有利气血、润肌肤、养护头发的美容之效。

中药代茶饮除了与个人体质有针对性外，还有明显的季节适应性。以下是专家建议的各季适宜代茶饮的列举。

春季茶饮：茉莉花茶、菊花茶、金银花茶、玫瑰花茶。

夏季茶饮:辛凉饮（用薏米、藿香、佩兰、白豆蔻仁煮后调制而成）、薄荷青（西瓜翠衣、莲子芯、薄荷叶）、竹叶茶、荷叶三鲜茶（鲜荷叶、鲜竹叶、鲜薄荷、少许茶叶）、藿香茶（藿香、佩兰）、荷叶饮（山楂、荷叶、薏米）、决明子苦丁茶（决明子、苦丁茶、甘草）、二豆饮（绿豆，扁豆，白糖）、焦大麦茶。

秋季茶饮：银耳茶、薄荷甘草茶、菊花茶、金银花饮、陈皮生姜茶、护肤养颜茶、

雪菊

图说水与衣食住行

橘红茶。

冬季茶饮:红茶、玫瑰蜂蜜红茶、黄芪红枣枸杞茶、大枣生姜茶、蜂蜜大枣茶、萝卜茶。

水疗与健康

水疗属于物理疗法的一种，是用各种不同温度、压力、成分的水以不同形式和方法（浸、冲、擦、淋洗）作用于人体全身或局部进行预防和治疗疾病的方法。水除导热作用外，还有机械作用，如浮力、压力以及水流、水射流的冲击作用。水又可溶解各种物质如药物及多种盐类，这些溶质也可起到治疗保健作用。

水疗对人体的作用主要有温度刺激、机械刺激和化学刺激，常用来治疗皮肤、肌肉及骨关节等方面的疾病。水疗简便易行，不像药物疗法那样副作用较多，也不像矿泉疗法受疗养地点、环境、条件的限制。

早在古希腊时代，西方医学之父希波克拉底就使用温泉做治疗，此外古代中国、日本亦有温泉疗法的记载。

水浴与健康

● 温水浴与人体健康

温水浴是指在 30℃ 至 40℃ 的普通水中浸泡。由于水温适中，适用人群较为广泛，操作上也简便易行。温水浴有一定的镇静作用，在温水中浸泡 10 多分钟后，能够促进人尽快入眠。

温热作用可以解除肌肉痉挛，提高肌肉工作能力，减轻疲劳，同时在热作用下，血管扩张，血氧增加和代谢加速，有利于肌肉疲劳的消除。温热刺激能引起肾脏血管扩张而增强利尿，在长时间温水浴后血液循环改善，一昼夜内钠盐和尿素的排出量增加。但在温水浴时，由于大量出汗排

天然温泉

尿量反而减少，应注意适当补充水分。全身温水浴，氧化过程加速，基础代谢率增高。

● 热水浴与人体健康

热水浴是常见的一种沐浴方法，可以在浴盆里洗浴，也可以在莲蓬头下淋浴，还可以去浴室的浴池里泡一泡。若有条件，每天临睡前洗个热水浴，对健康十分有利。热水浴（水温在40℃以上）后先有神经兴奋，继而出现全身疲劳、欲睡等症状。

有人曾做过试验，洗一次热水浴可清除皮肤上数千万甚至上亿个微生物，故热水浴有"消毒的热床"之称。

热水浴能促进代谢，消除疲劳。热水浴能刺激神经系统兴奋，使血管扩张，促进血液循环，改善组织和器官的营养状态。同时，还可以缓解肌肉张力，解除肌肉痉挛，使肌肉放松，以消除疲劳。血液中的乳酸含量是疲劳的标志，人体在劳动或运动后，血液中的乳酸含量增加，人就会产生疲劳感。热水浴可以加快新陈代谢，提高机体分解乳酸的速度。

热水浴还具有治疗功用。临床上可用其来治疗初期感冒、慢性关节炎、骨折愈合后及其他一些慢性疾病。此外，热水浴具有镇静作用，对于睡眠欠佳或经常失眠的人，临睡前洗个热水浴可促进睡眠，提高睡眠质量。

热水浸浴常用于各种慢性肌肉损伤、关节损伤、硬皮病、皮肤病，禁用于高血压、动脉硬化、心功能不全、出血倾向。非急性期（受伤48小时之后）之软组织问题：肌肉拉伤、肌肉痉挛、韧带扭伤、疼痛，非急性期之退化性关节炎、类风湿性关节炎，也适用于热水浸浴。

● 热水泡脚与养生

经络是人体运行气血的通道。十二经脉有六条走脚，它们是足少阴肾经、足太阴脾经、足厥阴肝经、足阳明胃经、足少阳胆经、足太阳膀胱经。通过这六条经脉使脚与相应脏腑联系沟通。肾主骨生髓，髓生血，肝藏血，脾统血，通过对脚的良性刺激，就能达到疏通气血、调整脏腑功能的目的。热水泡脚是最简单的养生保健好方法。正所谓"春天泡脚，生养固脱；夏天泡脚，暑湿可去；秋天泡脚，肺润肠蠕；冬天泡脚，丹田温灼"。

热水泡脚是中国传统养生保健方法之一

应天天用热水泡脚，一年四季坚持下来，对身体大有益处。很多人都知道冬天要用热水泡脚，但到夏天就忽视了。还有不少人夏天喜欢用凉水泡脚或直接把脚放在水龙头下冲，这都是不正确的。每天晚上用40℃左右的热水泡脚，水最好没过脚踝到达小腿，泡20分钟左右，达到身体微微出汗即可。如果吹空调导致了感冒、头疼或发热，也可用稍烫些的水泡脚30分钟左右，感觉微微出点汗，头疼症状就可缓解。泡脚以后最好做些简单的按摩，如手心摩脚心（涌泉穴）有助睡眠。找找脚趾、脚跟处有没有痛点，每个痛点处按揉三分钟，会达到很好的保健效果。

热水中放入醋泡脚可祛除脚臭、治脚气；放入生姜、陈皮、薄荷泡脚，可暖脾胃，祛湿邪；放入花椒泡脚，除臭祛湿、行气利水，扶助阳气；以白芍、益母草、当归熬水泡脚，治痛经，使皮肤白皙红润，改善手脚冰凉；干姜熬水泡脚，治风湿骨痛，怕冷怕凉；放入黄芪、透骨草、伸筋草各10克及花椒6克熬水泡脚，可缓解糖尿病。

经期或妊娠期妇女，有出血症状的病人不适合泡脚。

- 其他特色浴

汗蒸浴是一种休闲项目，历史悠久，深受民众喜爱。传统的汗蒸是将黄泥和各种石头加温，人或坐或躺，用于祛风驱寒、暖体活血、温肤靓颜，在古代是贵族或皇室的特权享受，文化渊源深厚。

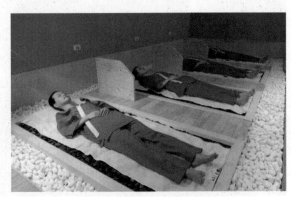

汗蒸浴

岩盘浴是让入浴者睡在含有多种对人体有益元素的天然矿石板上，加热至42℃，岩盘石所发出的远红外线和高浓度的负离子，使人体皮肤深层大量排汗，能有效排出体内中性脂肪、毒素，以及降低血脂、减轻关节疼痛、消除疲劳、增加新陈代谢、促进细胞活性化、提高人体的自然治愈力。为了达到排汗的目的，岩盘浴这种不需要运动、不需要蒸气的排汗方法是很舒适的。特别对女士而言，想要减肥、肌肤光滑而富有弹性、提高新陈代谢能力，岩盘浴是一种非常好、非常舒适的入浴方式。

- 冷水浴与人体健康

全身冷水浴时，初期毛细血管收缩，心搏加速，血压上升，但不久又会出现血管扩张、

心搏变慢、血压降低，立刻减轻了心脏的负担。因此，寒冷能提高心肌能力，使心搏变慢，改善心肌营养。

短时间冷刺激可提高肌肉的应激能力，增加肌力，减少疲劳；长时间的冷刺激可引起组织内温度降低，肌肉僵直，造成活动困难。冷水浴能加快脂肪代谢、气体代谢及血液循环，促进营养物质的吸收，促进神经兴奋。民间常用冷水喷洒头和面部以帮助昏迷者苏醒。

冷水浴适于急性炎症、血肿、肌肉扭伤。利用冷效应，冷水可降低疼痛感、消炎、消水肿等。

冬泳健身

● 药浴及其功效

若往水中加入少量矿物盐类、芳香类物质及其他中草药等，再进行水浴，可加强水疗的保健治疗作用，并使机体获得特殊的治疗效果。

中药浴是根据中医辨证施治的方剂制成煎剂加入水中而成。常见的中药浴有薄荷浴、菊花浴、花水浴等。薄荷浴对外感风热、皮肤发痒、咽喉肿痛、眼结膜充血等病症的人特别有效。菊花浴，由于菊花有散风清热、平肝明目的作用，因此它可防治头晕、眼花等症状。花水浴，入浴前将花撒于水面，洗浴时用花瓣揉搓面部和躯干，既洁身除垢，杀死细菌，还能细润皮肤，防治皮肤病。

瑶族同胞酷爱清洁并很少得病，每天劳动后都要洗澡，他们洗澡不同于其他民族只用清水一盆，而是用药水洗，俗称药浴，瑶医则称之为"庞桶药浴"。瑶家到处可见到用杉木做成的大木桶，这便是用来进行药浴的"庞桶"，又称为"黄桶"。无论严冬酷暑，瑶族人每晚都必须入"庞桶"内浸泡洗身。一次药浴所用的草药，少则几十种，多则上百种。用药因地制宜，功能多种多样，有清热解毒、祛风散寒、舒筋活络、滋补气血等。药浴时，常根据不同对象、不同季节或不同疾病选择不同药物。

瑶族药浴

分别捆成小把，放入大锅中煎煮，药液煮沸后半小时左右，趁热倒进高约 70 厘米、直径约 80 厘米的大桶中，加入适量冷水，使水温保持在 38℃左右，进行洗浴。每天全家人都要浸泡一次，每次约 30 分钟。

● 盐水浴

在淡水浴中加入粗盐，配成 1% 至 2% 浓度，具有提高代谢和强身作用，适用于风湿和类风湿性关节炎。35% 高浓度盐水浴对银屑病有较好的疗效。

● 松脂浴

松脂浴又称芳香浴，在淡水浴中加入松脂粉剂，浴水呈淡绿色，有芳香气味，多用于温水浴。松脂浴具有镇静作用，常用于高血压病初期、兴奋过程占优势的神经症、多发性神经炎、肌痛等病症。

● 碱水浴

在淡水中加入非精制的重碳酸钠，称为苏打浴。还可同时加入氧化钙、氧化镁。碱水浴具有软化皮肤角质层和脱脂作用，用于多种皮肤病，如对红皮病（剥脱性皮炎）、毛发红糠疹有一定疗效。

● 牛奶浴

历史记载，中国古代贵妇也曾尝试奢侈的牛奶浴，但更为知名的是古埃及有"埃及艳后"之称的克娄巴特拉，她奢华的举动创造了牛奶浴 2000 多年不衰的美容美肤传说。在新世纪的今天，市场上流行的以"牛奶"成分配制的洗面奶、维他面奶、人体蛋白蜜之类的营养型天然护肤用品深受女士们的喜爱。使用过一段时间后，干燥的皮肤会变得细滑柔软，且具有持续湿润感。

● 温泉浴

人们很早就发现了天然温泉的神奇沐浴功效。优质的天然温泉不仅可以美肤健体、治疗疾病、缓解伤痛，更能让人返璞归真，忘情于自然天地之中。

华清池是中国著名的温泉胜地，西距西安 30 公里，南依骊山，北面渭水。

四处水源眼中的一处发现于西周（公元前 11 世纪至前 771 年）时代，其余三处是

华清池

解放后开发的。温泉水内含多种矿物质，如碳酸钠、二氧化硅、氧化铝、硫磺、硫酸钠，氟离子等，不仅适于洗澡淋浴，同时对皮肤病、风湿、关节炎等疾病均有明显的疗效。温泉"沐浴可消疹荡疾"，"自然之经方，天地之元医。"它的医疗功效在 2000 年前的秦代就被人们发现。汉代科学家张衡的《温泉赋》、北魏元苌的《温泉颂》、唐太宗李世民的《温泉铭》等，都对在温泉沐浴能医病疗疾作了记述。华清池温泉出水量每小时达 113 吨，水质纯净，细腻柔滑。水温常年稳定在 43℃左右。

莲花汤（御汤）是专供唐玄宗李隆基沐浴的汤池，亦称为"御汤九龙殿"。其东西长 10.6 米、南北宽 6 米，平面呈莲花状，为两层一阶式。上层深 0.8 米，下层深 0.7 米，全用青石砌成，四壁有六组券石组成，对称和谐。池底正中南壁处有双进水孔，曾装有双莲花喷头同时向外喷水，并蒂石莲花象征着唐玄宗、杨贵妃的爱情。西北角有双出水孔，可容水 100 立方米，是一座可泳可浴的汤池。

唐代大诗人白居易在《长恨歌》中所描写的杨贵妃"春寒赐浴华清池，温泉水滑洗凝脂。侍儿扶起娇无力，始是新承恩泽时"便是皇帝在华清宫内赐浴杨贵妃的真实写照。华清池温泉也因此而闻名天下，为世人所向往，成为与古罗马卡瑞卡拉浴场和英国的巴斯温泉齐名的"东方神泉"。

中国已知温泉达 2700 多处，独华清池温泉以芳香凝脂、动人故事名冠诸泉之首，有"天下第一御泉"的美称。

● 泥浆浴

泥浆浴，又称热矿泥浴，是用泥类物质以其本身固有温度或加热后作为介体，敷在人体某些部位上，将热传至肌体，与其化学成分、微生物等共同作用而达到健身防病的效果。

公元 2 世纪古埃及人就用尼罗河畔的泥治关节炎。我国晋代医书《肘后方》和唐代《千金方》也有泥疗法的记述。国外泥浆浴比较流行，特别是俄罗斯、德国较为普遍。而我国"北有辽宁汤岗子，南有五华汤湖泥"。

● 死海浴

位于中国内陆的山西运城盐湖（古称解州盐池）曾经是周边多省百姓食盐的供给来源。今天，其巨大的出产和优美别致的风光，又变化出奇特的观览体验项目——来自中东的"死海浴"。其高密度的盐水完全可以让人漂浮于水面，悠然自得。

盐湖之水密度大，人可自由漂浮于水面

戏水与健体

游泳是一项很好的强身健体运动，夏能降暑，冬能御寒，能增强人体的抵抗力，增强心肺功能，长期锻炼可对人体塑形健美，并有减肥作用。游泳可锻炼手脚的柔韧性、协调性及力量，双手不断地划水运动可预防肩周炎，还对有腰椎病的人特别有好处。

由于人体自身的重量，人在站立时腰椎受压，游泳时由于浮力的作用加上游泳时的俯卧姿势，脊椎可以在没有重压下运动锻炼，特别有利于脊椎病人康复。

在水中进行各种康复训练，可起到水疗和恢复机体功能的双重作用，适用于肢体运动功能障碍、关节萎缩、肌张力增高的患者，以及行动不便、肌力不足、欲进行肌力训练的人。借助于水的浮力分担部分体重，能较轻松地进行各种活动。患者在水中可以进行主动运动，如体操、游泳、水球等，也可以在医务人员的指导和帮助下进行肢体与关节被动运动和进行水中按摩等。

健康长寿与优质的水环境

中国有句俗话："一方水土养一方人。"一方水的好坏不仅影响了这方人的皮肤，更重要的是，影响到这方人的体质与健康。

文献记载："南阳有菊水，水甘而芳，居民三十余家，饮其水皆寿，或至百二三十岁。"讲的是以前在河南南阳郦县有一条甘谷，山谷的泉水甘甜，山中有很多菊花，泉水从山上流下，得到了菊花根叶的滋润。山谷中住有30余户人家，他们不打井，直接饮用谷中的泉水，这里的人皆长寿，最长寿的人活到一百二三十岁。

中国广西巴马是长寿之乡。国内外专家经过多年研究发现，巴马人有三个显著特点：一是迄今为止没有发现癌症病人；二是没有心脑血管疾病患者；三是百岁老人多而且大多耳聪目明、思维敏捷，精神状态很好。他们健康长寿的秘诀是什么呢？

人类80%的疾病与所饮用的水有关。研究巴马长寿的专家分析巴马人长寿的原因，既有基因遗传因素，更重要的是，当地盘阳河的水以及独特的"食谱"和"天然氧吧"。在空气、饮用水和食物三方面，巴马人具有其他地区无法比拟的天然优势。

巴马森林覆盖率很高、河流冲刷及海拔高等原因，使得这里的空气十分清新宜人。山乡空气清新，富含负离子，空气中的负离子是人类长寿的重要因素之一。到过巴马的人都有这样一种感受，一口气爬一二百米，一点也不觉得累。巴马空气中的负离子不仅能净化空气，而且能使人精神振奋，增强肌体抵抗力，促进新陈代谢，消除呼吸道炎症，缓解支气管哮喘，稳定血压等。

在饮用水方面，巴马的河水和泉水，多数经过数公里的伏流才露出地面，百马泉、神仙水、甘水仙泉、观音福泉、百林奇泉……这些看似平常却蕴藏丰富矿物质和微量元素的泉水，成为长寿之乡的"不老泉"。

巴马的水可以说是人间的一个奇迹，它是小分子水，是弱碱性离子水，富含大量对人体有益的矿物质和微量元素，溶解度高达71%。它的负电位为−292，具有很强的还原性，是清除导致人体疾病与衰老的氧自由基的能手。研究人员认为："富含各种微量元素的矿泉水，成为长

寿老人的营养库。"巴马的水源中含有丰富的微量元素锰，锰被长寿学家称为抗衰老的元素，对心血管有保护作用，是人体多种酶的激活素，而巴马长寿老人体内的锰含量比其他地方的都高，这些微量元素对于提高机体的抗病能力、促进新陈代谢和保持人体平衡有重要作用。

巴马盘阳河的水经有关部门验证，除了锶、偏硅酸含量达到饮用天然矿泉水的国家标准外，还含有溴、碘、硒、锌、锂等对人体有益的微量元素，被当地群众誉为能治百病的"神仙水"。长期饮用能调节生理机能，起到延年益寿的作用。

巴马的土地并不肥沃，但用当地的水浇灌出的农作物中矿物质和微量元素含量很高，尤其是锰、锌含量特别高。锌与体内 80 多种酶的活性有关，是维持机体正常代谢所必需的，同时也与 DNA 复制有关。现代科学证实冠心病发病率与锌／铜比呈正相关。巴马人终生吃自己

巴马盘阳河

生产的大米粥和玉米粥，或两种米的混合粥，营养丰富，并且特别容易被人体吸收。巴马人世代吃粥，而巴马堪称"粥食长寿乡"。巴马人就是通过饮用当地的泉水和食用当地泉水浇灌生长的各种农作物，吸收蕴藏在里面的多种有益于身体的微量元素和营养物质，从而促进了人的健康长寿。

巴马的阳光也与别的地方不一样，当地 80% 的阳光都是被称为"生命之光"的远红外线，它能不断地激活人体细胞组织，增强人体新陈代谢，改善微循环，提高免疫力。

巴马的地磁场也远远高于地球其他地区，高磁场既能改善血液循环，还能将水磁化，将大分子的水变成了小分子的水。大自然把良好的生命资源都恩赐予了巴马人。

巴马人的健康长寿与其乐观心态和坚持劳作也密不可分。巴马人作息生活很有规律，物欲对他们的影响微乎其微，他们能满足于现实，不管外面的世界多么精彩，他们都一

如既往过着平淡的生活，多数情况下保持自给自足的小农生活，劳作，不辞辛苦的劳作是他们的特点，不管年岁多大，只要身体没有大碍，都会亲自下田，自己动手，丰衣足食。

许多地方病的发生与水有着直接的关系。2000多年前的《吕氏春秋》中明确记载了几种地方病，其中《季春纪》篇有"轻水所，多秃与瘿人；重水所，多尰与躄人；甘水所，多好与美人；辛水所，多疽与痤人；苦水所，多尪与伛人"的论述。在矿物质和微量元素含量很少的软水边居住的人，多秃头或甲状腺肿大；在矿物质和微量元素含量较多的硬水边居住的人，多有瘸腿或患有克山病；在甘甜的水边居住的人，多健康和漂亮；在气味走窜的辛水边居住的人，皮肤不好，易生疮疥；在有苦味的苦水边居住的人，多佝偻和驼背，也就是地方性氟骨病。古人很早就发现人类的健康长寿离不开优质的水资源。

由于全球性的水资源污染，饮用不洁净水已经成为人类健康的第一大隐形杀手。据世界卫生组织（WHO）资料，迄今为止已查出水中的污染物超过2100种，由于人们长期饮用含有有害于健康的污染物的水，导致这些有害物质在人体沉积，最终影响人们的生命与健康。

中国七大流域水质状况从坏到好的升序排列依次是：辽河流域、海河流域、淮河流域、松花江流域、黄河流域、珠江流域、长江流域。淮河流域191条支流中近80%的河段河水泛黑发绿。用这些有问题的水用来浇灌蔬菜，会使农田受到重金属与合成有机物的污染。

城市地下水质普遍恶化，全国城市供水30%源于地下水。调查显示，2011年全国城市55%的地下水是较差至极差的水质。湖泊污染近30年呈迅速增长趋势。饮用水的安全性与人体健康直接相关，中国城镇居民生病和亚健康状况的 60% 与水污染有关系。

保护环境，保护人类生存的水环境，刻不容缓！

饮水安全是健康的第一要素和基本生存权利。它与食品安全同等重要。水源污染已成为世界性问题，联合国呼吁各国将饮用安全水作为基本国策。

当今社会，人与水的矛盾、人类所面临的水的问题，比以往任何一个时代更为突出。只有人与水和谐相处，地球上的水资源得以保护和合理利用，个体生命才可健康延续。

第七章 藏风聚气，得水为上
——古代堪舆学说中蕴含的哲理

图说水与衣食住行

水，滋润万物，孕育生机。古人在建设城镇、修造住宅、选择陵寝的时候，都倾向于河流清透、山环水抱的地方。也即，得水为上。

"天下莫柔弱于水，而攻坚强者莫之能胜"，老子形象地道出了水的两个极端特性。人们的生活是须臾不能离开水的，但如果择址不善，或者用水不当，便可能促成危险，如水患、水污染、水土流失等。人们总结了许多观水的方法。古代堪舆理论中经常提到的"流水屈曲，环抱有情"便是其中之一。城市、民居，多选在河流弯曲内侧，这种聚居处称之为金城。其实原因很简单，这样的地方三面环水，同时又可以保证河床稳定，生活便利，不容易出现水患。堪舆文化中类似这种对于水的认知，其实来源于生活中的长期体验和实践的验证。

"入山寻水口，登穴看明堂"以及"有山无水休寻地，有水无山亦可裁"等论述都表达了水的重要性。古人认为水是龙的血脉，也代表着财富，"山之血脉乃为水，山之骨肉皮毛即石土草木，皆血脉贯通也"。择水在堪舆学中占有很重要的内容，也是非常严谨的，水的形态、源流格外重要。由于水流的弯曲缓急是千变万化的，水域的大小、远近、深浅对人的影响都有不同，因此不能看见水就贸然地认为是可以利用的。堪舆学中对水有独特的诠释：水飞走既生气散，水融注则内齐聚，水深处民多富，水浅处民多贫，水聚处民多稠，水散处民多离。可见水在中国古代堪舆学中的重要地位。如晋代郭璞传古本《葬经》中谓："气乘风则散，界水则止，古人聚之使不散，行之使有止，故谓之风水。风水之法，得水为上，藏风次之。"

明代沈贞《竹炉山房图》

古代堪舆学说中水的含义

● 水与易经中的卦

《易经》里的"六十四卦"，图像上是由两个八卦上下组合而成。按照一定的规律演化。其中每一个卦都是由 6 个爻组成的。其中，连续的一画是阳爻，中间断开的是阴爻。6个爻不是阴的就是阳的，所以 1 个卦总共只有 2 个符号。1 个卦的 6 个爻怎么变化都可以，可以有 3 个阴 3 个阳，也可以有 2 个阴 4 个阳，还可以有 2 个阳 4 个阴。但是无论怎么变，无非就是阴阳两种。而"象"又是什么呢？"象"就是指卦象。卦象原本是自然中事物的形象，所以看卦的时候，既需要丰富的想象力，还需要运用《易经》的思维，从正反两个方面来考虑问题。

《易经》中的"水"有指实际意义的水，也代表某种特别的哲学意义，在堪舆学的认知标准层面，以建筑标的物为参照，将低一层的路面等视为"虚水"。而《易经》中的六十四卦中直接与水元素相关的有 15 个卦象，包括天水讼、泽水困、火水未济、雷水解、风水涣、坎为水、山水蒙、地水师、水天需、水泽节、水火既济、水雷屯、水风井、水山蹇、水地比。可见，水元素在《易经》六十四卦中的重要性。

这里以火水未济卦为例作扼要阐述。

火水未济卦是异卦（下坎上离）相叠。离为火，坎为水。火上水下，火势压倒水势，救火大功未成，故称未济。《周易》以乾坤二卦为始，以既济、未济二卦为终，充分反映了变化发展的思想。君子观此卦象，有感于水火错位不能相克，从而以谨慎的态度辨别事物的性质，审视其方位。而人们常常用"时运不济"来形容人的运气不佳，其实这"不济"便指的是《周易》的最后一卦——未济。

六十四卦的排列蕴含着变化的思想，以未济为终卦，表现了《周易》中事物变化的无穷尽。一个过程的终止正是另一个过程的开始，生生不息、永无休止的辩证发展。事物的发展是不可能穷尽的，成功之后又将带来新的还未成功的因素，所以既济卦之后就是未济卦。未济卦借"未能济度"喻"事未成"，说明"事未成"之时，若能审慎进取，促使其成，则"未济"之中必有"可济"之理。未济卦从卦象来看，火在上，水在下，

太极八卦图

水还没有把火浇灭，象征着事物还未成功。既济与未济是相对的，失败与成功是相对的，缺陷与完美也是相对的。只要是相对的事物都是能互相转化的，成功与失败也是能互相转化的，既济转化为未济，未济又可转化为既济。

《老子》曰："祸兮福之所倚，福兮祸之所伏，孰知其极？"《序卦传》以为六十四卦终于"未济"，是表明"物不可穷"，即事物的对立、变化无时休止。卦中讲述在不同的时位该怎么做，要守中道，光明正大，诚信。既要谨慎小心，审慎进取，必要时又要有雷霆之势的智慧，值得我们感悟和深思。

● 水与阴阳五行

中国古代哲学中，不仅"道""气"以水为原型，而且"五行"说、"阴阳"说，其产生都与水有关。关于"五行"的来源，《尚书·洪范》中说："我闻在昔，鲧陻洪水，汩陈其五行。帝乃震怒，不畀洪范九畴，彝伦攸斁。鲧则殛死，禹乃嗣兴。"鲧不了解水润下的性质，用只堵不疏的方法治水，违背了规律，导致了失败；禹吸取了教训，采取了疏导的方法，获得了治水的胜利。人们就是在这正反两方面的经验教训中，总结出"五行"规律的。《尚书·洪范》云："五行：一曰水，二曰火，三曰木，四曰金，五曰土。水曰润下，火曰炎上，木曰曲直，金曰从革，土爰稼穑。润下做碱，炎上作苦，曲直作酸，从革作辛，稼穑作甘。"

北京社稷坛
（五色土）

据程建军研究，五行学说是我国古代的一种哲学思想，是一种普遍系统论。五行中，"五"是指金、水、木、火、土五种自然物质，"行"是指运动不息的意思，五行就是五种物质的关系与运动变化。五行学说认为，世界上的一切事物，都是由这五种基本物质之间的运动变化生成的，世界呈五行相生相克的动态平衡。而其中水元素代表的方位为北方，代表的季节为冬季，具有滋润向下、钻研掩藏的特性。

古代中国人以黄河中游、关中一带为地中。地中以东，气候温暖，土呈蓝青色，故以木配春季、东方、青色；地中以南，气候炎热，高温多雨，呈现遍地红壤，故以火配夏季、南方、红色；地中以西，气候温凉，内陆干燥，土色灰白如粉，故以金配秋季、西方、白色；地中以北，气候寒冷，肥沃黑土，故以水配冬季、北方、黑色；而地中气候适宜，覆盖着黄土，故以土配以长夏和四季、中央、黄色。北京故宫社稷坛的五色土祭坛就是其真实缩影。

在中国古代堪舆学中又把水分为真水与虚水，把江河湖海等物质存在的水作为真水来看，把以建筑标的物为参照，将连续带有方向性的路径作为虚水。易有五行，分阴阳，相生相克相制约，而此处的水分阴水与阳水，例如，江河湖海的水便为阳水，土壤、树木、血液、汗水等被动植物储藏起来的水视为阴水。阳水可克火，扑灭火焰，阴水却能滋润万物。五行之间相互生克转换，相生未必得宜，相克也不一定不好，讲究阴阳协调平衡，不过是张弛有度。

五行图示

五行相生，即木生火，火生土，土生金，金生水，水生木。相生的含义是支持、合作、相容，指一事物对另一事物具有促进、助长和滋生的作用。木生火，是因为木性温暖，火隐伏其中，钻木而生火，所以木生火；火生土，因为火灼热，所以能够焚烧木，木被焚烧后就变成灰烬，灰即土，所以火生土；土生金，因为金需要隐藏在石里，依附着山，津润而生，聚土成山，有山必生石，所以土生金；金生水，因为少阴之气（金气）温润流泽，金靠水生，销锻金也可变为水，所以金生水；水生木，因为水温润而使树木生长出来，所以水生木。

五行相克，即金克木，水克火，火克金，木克土，土克水。相克的含义是抑制、排斥、相对，是一事物对另一事物的生长和功能具有抑制和制约的作用。金克木，是因为金属铸造的切割工具可锯断树木；水克火，水可以把火熄灭；火克金，因为烈火可以熔化金属；木克土，因为树根苗的力量，能突破土石的障碍；土克水，因为水来土掩，土能防水。

无论是中国古代的五行说，还是古印度的"地、水、风、火"四要素说，还是古希腊的"光、气、水、土"四要素说，这些关于世界本原是几种物质的多元论朴素唯物主义学说中，只有水是唯一的共识，是共有的本质。

● 水出河图洛书的传说

河图与洛书是中国古代流传下来的两幅神秘图案，历来被认为是河洛文化的滥觞。河图与洛书是汉族文化，阴阳五行术数之源。最早记录在《尚书》之中，其次在《易传》之中，诸子百家多有记述。太极、八卦、周易、六甲、九星、风水等皆可追源至此。《易·系辞上》有"河出图，洛出书，圣人则之"之说。

水润万物，上善若水，水利万物而不争，有山水的地方，总是人杰地灵。河图与洛书相传便是自水中而得。

相传很久以前，洛阳北黄河边上的孟津，有一年从黄河里爬出了一个大怪物。怪物异常庞大，一张嘴就吞下一个活人，就地打滚庄稼则全都遭殃。从此，田地渐渐荒芜，百姓也吃尽苦头，无以谋生。怪物闹得大家没有活路，只好去找伏羲。羲皇听了大家的诉说，忙带上宝剑，来到河边。怪物原来是黄河中的龙马，看到羲皇挥舞宝剑站在面前，知道逃脱不掉，忙伏地告饶，乞求羲皇放条生路，并承诺从黄河里拿件宝贝献给羲皇。羲皇不要宝物，但要求龙马不再祸害百姓，龙马答应后潜入河中，几天后，果然背负着一块玉版献给羲皇。伏羲一时也琢磨不出玉版上的小黑点与那些图案，只知它是黄河中的宝贝，便称此玉版为"河图"。

龙马负图

此后，羲皇与龙马结下深厚友情，伏羲经常去看龙马。一天，伏羲细看龙马身上的花纹，再琢磨河图上的图案，一下悟出了八卦图。据说，伏羲还曾将他的八卦知识写了本书叫《易经》，后经商代末年周文王的完善，形成了今日的《周易》，广为流传。

河图中小黑点的点数是55，其中一、三、五、七、九是天数，二、四、六、八、十是地数，天数累加是25，地数累加为30，两数之和为55。河图中的天数是为奇数，是阳；地数是为偶数，是阴，阴阳相索。据古代哲学家的阐释，河图中上、下、左、右、中五组数目分别与火、水、木、金、土五行有关。金、木、水、火、土这五种物质基本形态的生成与转换，甚至万物的发育都可以从这图上得到启示。由此定义这十个自然数中一、二、三、四、五为生数，六、七、八、九、十为成数。从而得出五行相生之理，天地生成之道。

真实的历史往往可能很简单，就是河图不是上天遣龙马所赐，而是河洛先民的伟大创造。近年，有学者提出的"河出图"中的"河"非黄河，而是活动于河洛地区的古老部族有河氏，"出"

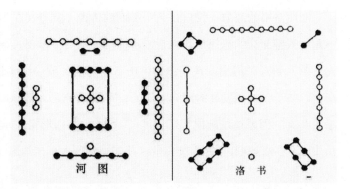

河图与洛书上的图案

河图　洛书

是奉上、进献的意思。意思是有河氏把这个部族创造的有着特殊含义的图献给了伏羲氏。这种观点的意义不在于结论是否成立，而在于把河图请下了神坛。

从考古发现看，原始的河图雏形出现得相当早。在陕西华县元君庙仰韶文化遗址出土的距今约 6000 年的陶器上，有用锥刺成 55 个小黑点组成的三角图案。据专家研究，这个图案与古代有关河图著作所记载的有关河图推演图极为相似，这可能就是原始的河图。

而洛书的传说，又需从大禹治水说起。

有年夏天，大禹凿开了龙门，伊河在龙门南形成的湖水流入了洛河，待湖水渐渐流浅时候，从湖底浮现一个足有磨盘大的乌龟。大禹的手下人见了，忙挥剑去砍，被大禹拦住了，大禹见这只龟对百姓也从不做坏事，便把它放入洛河。过了不久，有天，整个洛阳城都被大雾笼罩，大禹率领手下到洛河岸边察看水情。忽然，在大雾茫茫的洛河里升起了一束五彩宝光，随之，笼罩在空中的大雾也烟消云散。大禹仔细一看，那宝光升起的地方，浮现一只乌龟，宝光也正是从乌龟背上的一块玉版放出来的。原来，那日的乌龟为报答大禹，特将此玉版献上。大禹拜称这块玉版为洛书。

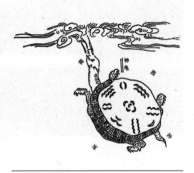

洛书传说

在洛书上有 65 个红字，大禹一个也不认识。后经反复揣摸，整理出九个方面的内容，有历法、种植谷物、制定法令等。

后来，古人根据洛书的九章大法，整理出一本科学法典——《洪范篇》。这部书一直传至今日。

河图洛书的故事不仅仅是一个美丽的传说，其意义在于：第一，证实了《易》关于卜筮与天地相应的思想早在六七千年前就有了具体体现。第二，如果承认中国南方和东南亚的八角八芒图案以及美洲太阳历石为历法，就应该承认 6500 年前的相似图案也是历法。第三，要用发展的眼光看历史，早期八卦无文字形式，至良渚文化已用数字记录的卦文，周原遗址则出土了用"–"和"—"图形来表示卦象。八卦在汉文化的漫长历史中至少有 8000 年的连续传承，并扩展到环太平洋地区。

● 水质的辨别与分类

古代堪舆家认为，地脉之善恶可以通过品尝水味作出判断。通常平川品尝井水，山地品尝涧水。水味以香为贵，酸苦则不吉。此外，从水的色、温来看，风水一般喜清忌浊，冬宜温夏宜冷。

地脉之优劣 味道可以评判 家认为水源的 中国古代堪舆

《管子·贞地》认为：土质决定水质，从水的颜色判断水的质量，水白而甘，水黄而嗅，水黑而苦。风水经典《博山篇》主张："寻龙认气，认气尝水。其色碧，其味甘，其色香，主上贵。其色白，其味清，其味温，主中贵。其色淡，其味辛，其气烈，主下贵。苦酸涩，若发馒，不足论。"《堪舆漫兴》论水之善恶云："清涟甘美味非常，此谓喜泉龙脉长。春不盈兮秋不涸，于此最好觅佳藏。"不同地域的水中含有不同的微量元素及化学物质，有些可能致病，有些可以治病。中国古代风水学理论主张考察水的来龙去脉，辨析水质，掌握水的流量，优化水的环境。

由于水中所含矿物质、杂质及化合物不同，会有不同的味道。例如，水中含有大量有机物时，是甜的；含有矾盐矿物质时，是酸的；含有硫酸镁及硫酸钠时，是苦的；含有氯化钠时，是咸的；含有铁盐时，是涩的；含有高量锰时，也是涩的；含有蓝、绿藻原生物时，是腥的。因此，风水学讲的"水味以甘甜为上，辛咸次之，酸苦最下"是正确的，是人类长期生活经验的总结。

《管子·水地》言："水者，地之血气，如筋脉之通流者也。故曰：水，具材也。何以知其然也？曰：夫水淖弱以清，而好洒人之恶，仁也；视之黑而白，精也；量之不可使概（古代称量米麦使用的刮平的器具），至满而止，正也；唯无不流，至平而止，义也；人皆赴高，已独赴下，卑也。卑也者，道之室，王者之器也，而水以为都居。又言：人，水也。男女精气合，而水流形。三月如咀。咀者何？曰五味。五味者何？曰五藏。酸主脾，咸主肺，辛主肾，苦主肝，甘主心。五藏已具，而后生肉。脾生隔，肺生骨，肾生脑，肝生革，心生肉。五内已具，而后发为九窍。脾发为鼻，肝发为目，肾发为耳，肺发为窍。五月而成，十月而生。生而目视，耳听，心虑。目之所以视，非特山陵之见也，察于荒忽。耳之所听，非特雷鼓之闻也，察于淑湫。心之所虑，非特知于粗粗也，察于微眇，故修要之精。"

《水地》篇引申出有关水的结论是，水是万物的本原，花草得到了好的水就生长得更加茂盛，鸟兽得到了好的水就会长得更加肥壮。文中特别指出：水最精华的部分凝聚起来就形成了人，人的"九窍五虑"都是产生于水，并反复强调人的体质、容貌、性情和道德品质也是由于水质不同所决定的，也就是我们常说的一方水土养一方人。

把水质与人类的生产、生活联系在一起考虑，这对维护人类健康、预防疾病有很高的科学价值。很多有毒物质难以分解直接渗入土壤而进入了地下水，进入了食物链系统，如果我们直接饮用这样的地下水，就可能使身体罹患癌症等一系列疾病。所以，在饮用之前应当做化学生物试验，检查水的软硬度、矿物质含量和细菌含量等。

● 水与四象格局

在中国传统的文化观念中，把天空分为四宫，把大地划分为四方，即东青龙、西白虎、南朱雀、北玄武。用它与春、夏、秋、冬的四季和天空的二十八星宿相对应，而其中青龙代表木，白虎代表风，朱雀代表火，玄武代表水。对于这样一个天文、地理、气候概念的出现，古人以青龙、白虎、朱雀、玄武动物的形象来象征。

在二十八星宿中，四象用来划分天上的星星，又称四神、四灵。中国传统方位是以南方在上方，与现代以北方在上方不同，所以描述四象方位，又会称左青龙（东）、右

四神图案

白虎（西）、前朱雀（南）、后玄武（北）来表示，并与五行学在方位（东木西金、北水南火）上相呼应。四象的概念在古代的日本和朝鲜极受重视，这些国家常以四圣、四圣兽称之。

迄今为止，我国最早的东方青龙、西方白虎的图形出现于仰韶文化时代的墓葬中。1987年在位于河南省濮阳县城西水坡仰韶文化遗址中，在一个墓室中部的壮年男性骨架（头南足北）的左右两侧，有用蚌壳精心摆塑的龙虎图案，龙图案身长1.78米、高0.67米，昂首、弓身、长尾，前爪扒、后爪蹬，腾飞状。虎图案身长1.39米、高0.63米，虎头微低，圜目圆睁，张口露齿，虎尾下摆，四肢交替，如行走状，形下山之猛虎。此龙虎图案，距今已有6000年历史，堪称青龙白虎的原型。这一考古发掘的实证，把对四象起源的认知提早了两三千年。

四象也被运用于地形地势上，用来预测地形的吉凶，趋福避祸。随着历史的发展，堪舆四象一直传承了下来，并影响着中国的民俗文化。中国古代的建筑，大多顺应了堪舆四象的原理。例如，建于明清时期的北京中山公园社稷坛，最上层铺有五色土：东为青色土（青龙色），西为白色土（白虎色），南为红色土（朱雀色），北为黑色土（玄武色），中间为黄色土（象征黄种人）。此外，这些土是由四方的府县精选来的，表示四方朝贡，共主一国，天下太平。

早在战国时代，"玄武"的名称已出现于屈原（公元前343—前278）的作品《楚辞·远游》中："时暧曃其莽莽兮，召玄武而奔属。"到了汉代，已经有较多的作品提到"玄武"，它的涵义也较为明确。大致可归纳成三种。一是指其象征的动物龟或蛇；二是指北方的星宿；三是指水神。刘安（公元前178—前122）认为玄武是象征北方的动物。他所编的《淮南子·天文训》曰："北方，水也。其帝颛顼，其佐玄冥，执权而治冬。其神辰星，其兽玄武。"

● 水形与吉凶

风水理论认为"吉地不可无水"，所以"未看山，先看水，有山无水休寻地"，水是山的血脉，由于水流弯曲缓急千变万化，堪舆家也将水比作龙，称为"水龙"。水有大小，

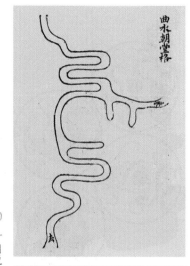

曲水朝堂格

《水龙经》（局部）

图说水与衣食住行

有远近，有深浅，所以不可贸然见水就认为是吉。堪舆家主要是以水的源流和形态为依据的，认为来水要屈曲，横向水流要有环抱之势，流去之水要盘桓欲留，汇聚之水要清净悠扬为吉；而水有直冲斜撇，峻急激湍，反跳倾跳之势为不吉。

　　一谈到水的吉凶问题，就离不开"水口"这个概念，那么什么是"水口"呢？让我们先来读读晋代陶渊明的《桃花源记》。晋朝太元年间，武陵郡有个渔民划着一条小舟沿小溪而行，忘记走了多远，忽逢一片桃林。那桃林夹岸而生，桃林的尽头在溪水发源之处，那儿有一座小山，山上有个不大的山口，渔民便弃船登岸，由山口钻入。开始口内十分狭窄，刚能挤过一个人。又走了几十步，突然明亮开阔了。眼前出现了空旷的土地，整齐的房舍，肥沃的良田，清澈的池塘。田间小路纵横，鸡犬之声相闻，人们身闲心安，自得其乐。渔人在此受到村民朴实的款待，住了几天才回家。等再想到桃花源中去游玩，又迷失了方向，再也找不到通路。这个故事虽然有些离奇，但却是我们了解水口的最好注脚。水口其实就是在某一地区水流进或流出的地方，一般指出水口。水口是古代堪舆家相地的重要内容。"入山寻水口，登穴看明堂"，就是说堪舆家在进山寻地时，要先看水从何处来，又到何处去，一般来说。在山峦之中，水来之处谓之天门，若水来而看不见源流谓之天门开，天门开则财源茂盛。水去之处谓之地户，不见水去谓之地户闭，户闭则财用之不竭。也就是古人所说的："源宜朝抱有情，不宜直射关闭，去口宜关闭紧密，最怕直去无收。"

　　凡水之来，欲其屈曲，横者欲其绕抱，去者欲其盘豆，回顾者欲其澄凝。如果是海水，以其潮头高、水色白为吉。如果是江河，以其流抱屈曲为吉。如果是溪涧，以其悠洋平缓为吉。如果是湖泊，以其一平如镜为吉。如果是池塘，以其生成原有为吉。如果是天池，以其深注不涸为吉。人们不可以任意填塞池塘湖泊，也不可以贸然开凿土坑，按照古代堪舆家的说法，是会伤到地脉，脉伤了自然就不会有好的风水。

　　堪舆家往往根据河道（真水）或路径（虚水）的形状评测一地的吉凶。堪舆学书《水龙经》是专门讲水系形势与择地之关系的，其中汇总了上百种关于阴宅和阳宅的吉凶水局，以供人参考。

水与古代城市的选址与规划

● 紫禁城的护城河

明清时期的紫禁城是古代风水建筑的杰出典范。紫禁城位于北京城的中轴线上，宫殿东西对称，西靠中南海，北倚万岁山，南有金水河，可谓背山面水。是中国皇宫建筑群的经典杰作。充分利用了自然山水的生旺之气，营造天人合一的环境，蕴含着中国正统风水学的玄妙智慧。

紫金城用水环绕城外。护城河河深6米，是护佑紫禁城的"人造河"。然而这条人造水并非死水，水源来自西郊玉泉山。紫禁城外人工建造了万岁山，作为镇山，也被称为煤山。河水就沿万岁山西麓流入积水潭、后海、什刹海、北海，然后向东经景山西墙下注入环城的护城河之中。水入护城河后，再从西北角楼下的地沟引入城内，称作内金水河。宽阔的河道，呈弓形，形成环抱状，悄悄地弯转回旋穿绕整个紫禁城，在城内若隐若现；再经文华殿西，由北而转东从慈庆宫前，蜿蜒向南，过东华门后从紫禁城墙下地沟，向东南巽方流出，再流入护城河——外金水河。

而外金水河，则是自紫禁城西南流向天安门外的金水桥方向。在罗经天盘中西北方乾位属金代表天。因此，古人赋予金水河一个吉祥的寓意：来自天河之水。通过金水河的流动，将"生气"源源不断地引入紫禁城内。水又有聚集财富的说法。紫禁城聚集了如此多的水，可见其富丽繁华的景象。

沿河可以寻到护城河的终端——泄水口。泄水口一共建有三处：其中一个在护城河的西南角，经过社稷坛流入向外金水河；另一个在护城河的东南角，经太庙流入御河，它们的年代比较早，在明朝就有了；最后一个泄水口是清乾隆时期修的一道暗沟，由午

门西燕翅楼西侧护城河经阙右门至阙左门外，这里也就是紫禁城内那个鲜为人知的隐形的桥，它就设在午门之前的阙左门与阙右门之间，长约 200 米。隐形桥桥面与御道等高，用平整厚重的花岗岩筑成，难以被发现，而桥下就是与护城河相连的暗沟，桥墩用花岗岩筑成十分结实，这座隐形的桥，是午门外广场的一部分。桥下的河水循太庙南流，徐徐流入太庙后河，然后折向东注入太庙外筒子河，最后注入通惠河。

护城河及内金水河除了维护风水之外，还有消防灭火、护城安全、排涝防洪、提供用水的作用。作为紫禁城防御系统，护城河与城墙之间，有守卫值房，它们在明朝时称为红铺。乾隆初年，将守卫值房改为围房，连檐通脊，除了作为守卫，还可以作仓储。因为临近金水河，围房还有救火的功能。

紫禁城城墙与护城河之间的通道，从前是不允许百姓出入的，东华门、西华门前分别立有"下马碑"，即使可以骑马入城的大臣，也必须下马。如今，这里游人如织车水马龙，俨然一番太平景象。老北京人普遍喜欢水，护城河也会一直萦绕在他们记忆中。

● 牛形水局皖南宏村

在安徽，距离黟县县城 11 公里，坐落着一个如同世外桃源的奇特古村落——宏村。古村建于南宋，绍兴年间，距离现在大概有 900 多年的历史了。建村者先建水系，然后依水而建村，整个村落都贯穿着水一样的灵性，好似一幅奇幻的山水画卷，画中的泼墨写意，都随着天气的变化而变化。因为它梦幻般的景象，这个建立在水上的村庄，也被称之为"东方的威尼斯"。

这个灵秀写意的古村，与村里流淌的水是完全分不开的。然而整个宏村的水系并非一建村就有了，村子曾经历过数次火灾，后求助于堪舆家为村子重作规划，才形成了现在的宏村。

宏村水圳

建村的汪氏家族曾经三聘堪舆家对山上龙脉泉进行考察，堪舆家认为宏村的地理风水如同一头卧牛，由此宏村的规划布局，也应该效仿成"牛形"。村民先用村中长流的一口天然泉水，掘成半月形的月沼（当地百姓称为"月塘"），比作"牛胃"；然后在西溪上拦河建石坝，引西溪的水进村庄，绕着村中的每一座住宅盘旋，流入庭院，长流不竭，水圳被称为"牛肠"。为每一家带来鲜活的用水，然后又从家家户户穿出，以南湖作为整个水系之尾，北接屋舍，南邻绿野。然后在村西虞山溪上架四座木桥，作为"牛脚"。最后，在村头种下两棵树，白果树和红杨树，代表"牛角"。"牛角"一成，这套古代的人工水系就此完工。宏村的格局"以山为牛头，树为角，屋为牛身，桥为脚"，十分完备。宏村的水系布局由水口、水圳、月沼、南湖和每一位村民家的庭院天井构成。

宏村的水口就在村头，是众水汇集入村的地方，人们在溪口修桥筑路、植树、建亭台楼阁，使村头与远山风景相结合，错落有致。

宏村月沼

水引入水圳，环绕贯穿全村，水圳就是村子独有特色——"牛肠"。水圳有大小2条，在村中分流，大圳向西，小圳往东汇入月沼，大圳全长700多米。大部分地段宽60厘米，宽度是有讲究的，水宽则浅慢，可以供人使用，太窄则不便，太宽又不利于水质更新。"牛肠"水圳从家家户户门前流过，村中砌了41处石板踏和6处近水的台阶，方便村民生活取水。曾有"浣汲未妨溪路远，家家门巷有清泉"形容这里的惬意生活，流水穿厅绕院，带来生机和润泽后，带走生活的污水，流入村中的水系发端——月沼。

水系中心——月沼，最初作为储水之地，用来"镇中丙丁之火"，它位于村的中心偏一点。在风水中，宅前开方塘，是"血盆照镜"不吉利的，因而开挖月湖时，很多人主张挖成一个圆月形，而当时七十六世祖的妻子重娘却坚决不同意。她说"花开则落，月盈则亏"，于是月沼最终成了半月形。月沼又被称为"牛胃"，是村中的水系的发端，也是汇总水圳引来的水经过月沼过滤，复又绕屋穿户，流向村外。

月沼里除了那一口天然泉水外，还有西溪流来的活水。月沼常年碧绿，水面平如镜，塘沼四周青石铺展，粉墙青瓦分列四旁，错落别致，屋檐分割了天空映入湖中，湖边的老人闲聊，顽童游戏，妇女在浣纱洗帕——这就是宏村的八景之一的"月沼春晓"。

后人扩容了这个水系，按照堪舆家的说法——月塘是这里的"内阳水"，还需要与一个"外阳水"相合，使子孙生活更加吉顺。于是明朝时，宏村人在村南建起了最后一道工程——将村南百亩良田开掘——形成了南湖，作为另一个"牛胃"。历时130余年的整个宏村"牛形村落"设计与建造完成。

南湖呈一张"弓"形，弓背为两层湖堤，贯穿湖心的长堤如箭在弦上，一座拱桥如同箭的羽簇。整个南湖如同一张引而不发的羽箭，环在村尾。冲向村外，起了环绕村庄和巩固风水的作用。

村中规定，在上午大家务农劳作时段，村中不得浣洗，防止整个水系的污染，村民在每天固定的时段集体取水用水，保证了整个人工水系不受污染，也避免了用水时上游下游的纷争。

穿绕宏村的西溪水，从家家户户被过滤后汇入月沼，再经一次过滤，流向南湖。最后从南湖滤后重新进入河流，极好地保护了当地水环境，水圳以及水塘位于街巷民居之间，不仅满足人们的生活需求，还构成了书画一般的水上村落。把每一家户，每一石瓦，都纳入了整个和谐的环境中。

水是整个村落的灵魂，是命脉所在。整个宏村与水脉浑然一体，不可分割，这样的水系布局，成就了中国古代村落建筑中难得一见的瑰宝。

● 洛阳选址中的伊洛诸水

洛阳是一座千年古都，从第一个王朝夏朝出现，先后有商、周、东汉、曹魏、晋魏、隋唐等13个王朝在此建都，拥有1500多年都城的历史，是中国建都最早、历时最长的城市，因此它有"普天之下无二置，四海之内无并雄"的说法。它与西安、南京、北京并列为中国四大古都，也被称为"神都"。

为什么洛阳这个地方有这么繁荣的历史，得到诸多帝王的青睐，赢得众多文人墨客的追捧呢？原因之一，就是环绕在洛阳城外的伊洛诸水。古代中国的城市大多依水而建。有句古语："凡立国都，非于大山之下，必于广川之上。高毋近旱而水用足，下毋近水而沟防省。"

洛河促进了洛阳经济的繁荣

历代选址建都都遵循了这句话。隋炀帝曾经称赞洛阳："洛邑自古之都，王舍之内，天地之所合，阴阳之所合。控以三河，固以四塞，水陆通。"可见，洛阳的水有多么重要。洛阳水系发达，河流众多，以洛河、伊河为主，洛河横贯城内，水源丰富，给洛阳经济带来极大的繁荣。

洛阳城的名字也是取源于水的——古城位于洛河之北，水的北面代表"阳"，故称洛阳。水依山形，谈到伊洛诸水，就不得不涉及洛阳境内纵横的山脉，因西靠秦岭、东临嵩岳、北依王屋太行，又有黄河天险，于是就有了"八关都邑，八面环山，五水绕洛城"的说法，更有了"天下之中、十省通衢"的称号。洛阳位于中原腹地，却有着连接四方的水陆交通。

横穿洛阳的洛河是黄河龙脉水系之一，它从西南向东，把洛阳分成了两个部分，有"洛水贯都有河汉之象"的说法，城市供水就以洛河为主要水源，可见洛阳城与洛河密不可分。

伊河

伊河在古时叫做鸾河，是洛河的一条大支流。它发源于熊耳山南麓栾川县陶湾镇，在熊耳山与伏牛山之间蜿蜒奔流，进入洛阳后注入洛河，流域面积6100多平方公里。洛河与伊河润泽的这个地方，被称为伊洛平原。伊河与洛河撑起了河洛文化的一翼厚重，"伊洛文明"被西方一些历史学家称赞为"东方的两河文明"。

水脉就如同一个城市的命脉。翻开史书，建都洛阳的夏、商，选址洛河，西周选址洛河，汉、魏等各朝历代，无不以洛河为主要水源。而洛阳正是因有如此丰富的水系，才造就了神都地位。伊洛平原，自古群山环绕，森林茂密，河流密布，洛河、伊河、涧河等10余条河流蜿蜒交错。殷墟出土的遗迹和典籍记载，都讲述着曾经的伊洛气候湿润、水流密布的繁盛时期。唐朝时，除了伊洛河为主的天然水系，人们又开凿了运河形成了一套人工水系，分别是阳渠、漕运河、泄城渠、通济渠等。也只有在隋唐，人们修筑的水渠连接南北。由自然水系与人工水系组成整套洛阳水系，带来了很大的优势，"北通涿郡之渔商，南达江都之转运"，可见洛阳在全国的地位。

然而，"安史之乱"后，唐朝逐渐失去对北方的控制，义军切断了以洛阳为中心的大运河，运河淤塞后，洛阳失去了水运中心的作用，得天独厚的风水条件也被毁了大半，后来的五代十国和北宋的统一也未能改变这个局面，在金灭北宋后，将国都建在了开封，洛阳从此多作为陪都。这座繁华的都市就此逐渐衰落下去。

得之于水，失之于水。用这来形容都城的兴衰，也是很恰当的。

● 八水绕长安

当今的西安城，在古时就是威名远扬的长安，甚至它有个古老的外国名字——胡姆丹。长安，从古到今的兴衰变化都与水息息相关。

曾经这里，有八水绕长安之说，是一处难得的好地方，关中地利、长安八水，这些就是千年国都形成的重要基础，长安的运输、灌溉以至军事防卫都与这八水相关，可以说八水绕长安才造就了3000多年长安的繁华富足。前后相继有1125年的盛世帝都、华夏文明，都与这奔流的水密不可分。

所谓八水是指渭、泾、沣、涝、潏、滈、浐、灞这8条河流，它们属于黄河水系，尽管历经沧海桑田，但是它们原本的光辉和故事，却是可以考证的。其来源是西汉文学家司马相如在著名的辞赋《上林赋》中写的——"荡荡乎八川分流，相背而异态"，描写了汉代上林苑的巨丽之美，从那以后逐渐有了"八水绕长安"的描述。八水之中，原本渭河汇入黄河，其他七水各自汇入渭河。然而由于时代变迁，浐河成为了灞河的支流；滈河成为潏河的支流，潏河与沣河交汇。

渭河是黄河的最大支流，绕行长安的北方。从春秋时期到隋唐，这里都是重要航道,河上的"咸阳古渡"，几千年来被誉为关中八景之一。数千年来，渭水历经沧

渭河早在春秋时期便是重要航道

桑，河道迁移。水量也不断减少，河道也逐渐淤积。

泾河是渭河的最大支流，因为地势特殊，所以泾河水清，渭河水浑，而且两河交汇时清浊的界线清楚。"泾渭分明"即是由源自于此。

古时长安城西侧的滈、潏、涝、沣四水注入渭水。这四水中，沣水最大，《水经注》记载沣水在古时，是一条大河，大禹治水的时候就曾经治理过沣河。

涝河，古称潦水。《山海经》注："牛首之山，涝水出焉，西流至于潏水。"《诗经·洞酌》中亦有"洞酌彼行潦"。涝河流域先民勤劳朴实的形象，就呈现在了我国最古老的诗歌之中。涝河北经咸阳流入渭河，环绕长安的西面。

潏河，古时称沇水，是西安地区最负盛名的河流，环绕长安的西南。

滈河，古时称"交水"，而《长安志》中又称福水。这是一条神奇的河流，甚至有"无源之水"的说法。

浐河发源于蓝田县汤峪，是灞浐水系的最大支流，全长70公里，绕行长安东边。

灞河同样发源于蓝田县，原名滋水。唐朝时在此地设驿站，亲友出行多有人在此折柳送行。每到春天柳絮就纷飞如雪。"灞柳风雪"是长安八景之一。灞、浐二水居长安东侧，被称为长安东门户。

渭、泾、沣、涝、潏、滈、浐、灞等八条河流走势弯曲，相顾有情，这是水相极为重要的一点，大江大河转弯环绕的地方，是水脉的大结，必然会有大都市的存在，往往作为首都或者商业中心。长安有八水相互贯通，环抱合围长安城，其风水条件得天独厚，造就了长安这座久负盛名的千年古都。

隋唐时期，长安城以"八水绕长安、五渠灌都城"的水系著名，除了天然水系，还另开凿了五条水渠把城外八条河流中的水引到城中。五条灌渠分别是龙首渠、清明渠、永安渠、漕渠和黄渠。城内还利用岗原之间的凹地，开凿了许多湖泊和井泉，用作蓄水。

长安城天然的河流以及5条渠道、井泉、城池,这些人工水系,除了满足了这个城市的生活、生产用水之外,还有漕运、防洪、排涝、景观、聚气风水等多种功能,在古代城市的水利史上写下了光辉的一页,但是,也许是开发过快,破坏了水脉,"八水五渠"并没有维系太长时间。

随着八水逐渐枯竭,隋唐也成了长安城最后的繁华——黄河作为中国龙脉中干的养龙水,尤其位于黄河中段的西安是中干龙的大结。黄河这一条养龙水随着环境的破坏逐渐干涸,水量变小,河道淤塞,原本山脉河水间蕴含的龙脉之力因水小而变小。长安八水,原来作为此地的护穴水,维持着风水宝地的气脉,最后这八水终于都衰竭了,只剩下泾水与渭水,水量也变小了太多,护穴水也难再维系以前的作用。

水与中国古代陵寝

● 清东陵

在河北燕山南麓的遵化马兰峪附近,群山合抱、两水向对之间,可以看到红墙金瓦的清东陵。从1661年清东陵开始营建,最早的建筑物距今已近400年了,这座皇陵不仅传承着清朝的陵寝规制,也从侧面记录了清王朝盛衰兴亡。

清东陵以金星山为主山,背靠昌瑞山,负阴抱阳,诸陵依次排列。它沿承了中国传统的对称布局,整个皇陵建筑和自然景观以金星山与昌瑞峰之间为中轴线。以中轴线上的入关第一帝顺治的孝陵为中心,东侧康熙大帝的景陵,西侧乾隆皇帝的裕陵,更西是咸丰皇帝的定陵,更东是同治皇帝的惠陵。这里山系完整,山川秀丽,气象万千。各个陵寝依山起墓,自成一局。整个陵区,都建在一块让风水学家极其推崇的宝地之上,一山一水,无不隐藏着风水学说的内涵。

清东陵

在整个陵区，有许多奇特的自然现象至今不能释疑。例如虽然是地处北方，但是这里的水非常多。据说，在清东陵，一年有72场"浇陵雨"，即便大旱之年也是如此；有时，盆地之外晴空万里，而盆地之内却雨水绵绵。从文字记载来说，这里从来没有水、旱、风、雹等自然灾害，风调雨顺。可见，清东陵在相地选址方面将"天人合一"深沉的涵义与大自然的诗意完美地结合起来，形成中国建筑史的瑰宝。

清东陵鸟瞰图

陵区的山连绵有序，山系属于太行山脉，其龙脉所呈现的正是长而有劲，屈而有情，行而有止，势而有威。清东陵的太祖山是燕山山脉主峰雾灵山，少祖山是苍龙岭主峰九龙山，父母山就是昌瑞山。整个陵的龙脉呈现花瓣型，众山相距环抱皇陵，如同"众臣护主"，极为符合皇家陵园的气场，形成了藏风聚气这一基本要素。

清东陵区的水脉极好，整个陵区有左右两大水系，依山成形，水曲有情，环绕合抱整个陵区，然后又收聚在龙门口，苍龙岭九条水，左边水从东北丑字方向来，右边水从西北亥字方向，使这里分别形成了"巨门催财水"和"贪狼催官水"。这两大水系的主水分别是左边西大河，右边马兰河，它们泻于昌瑞山两端，水质清冽，曲折和缓，使这里山静水动风景宜人，又不会破坏帝王陵寝静谧肃穆。东陵的裕陵陵园前有一条长长的龙须水缠绕。在清东陵的皇陵中，有水道越来越长的趋势。可见，水在皇陵风水中越来越受到重视。

关于清东陵的择址还有一个有趣的传说。顺治皇帝入关后，孝庄皇太后和他的叔父多尔衮就派人四处选择皇家陵地，先后派了两批专司风水的大臣和风水术士来到了京东一带，钦天监的大臣杜若预和杨宏量都看中了这块土地，认为是风水宝地。大臣们复命后，顺治皇帝决定亲自前往视察。一天，顺治皇帝带着众多侍卫大臣和八旗子弟出外狩猎。一路骑马扬鞭，张弓引箭，直奔燕山。当他们跃上了凤台岭之巅，顺治帝远望群山：南方平川，尽收眼底；北方重峦，层层无际。雾霭缥缈，日照沃野。江水环绕，物景天成。顺治皇帝不由赞叹，于是在凤台岭上选了一块向阳之地，虔诚地对天祷告，随后看中了一块风水相宜的地方，沉声说"此地王气葱郁，可用做朕的寿宫"。摘下手上的玉扳指，扬下山坡，说"玉落之处定为穴"。群臣立刻顺着那扳指滚落的方向寻觅，他们在扳指停落得一处草丛里打桩坐标记，没想到那正是这块风水宝地的中心。于是，这里就建起了清东陵的第一座陵寝——顺治皇帝的孝陵。

仅以孝陵为例，坐壬向丙，背靠昌瑞山，面朝金星山主峰，左青龙，右白虎，山峦交错环抱，完全是"龙合向、向合水、水合三吉位"的格局，可谓是物景天成。而孝陵的墓穴是陵园最高的地方，为防止洪水造成损耗，设有整套的水处理系统，南低北高，沟渠通畅。过量的雨水得以很快排出，在地下也设了大小纵横的水道，暗沟。皇帝的地宫下面另有巧妙——利用交错的暗沟疏通地宫下的流水、积水，最后整个陵区的水通过明道暗渠，集汇在隆恩门外，神路桥下。由桥两边的水道排泄而出。

陵园中有五座皇帝陵，即顺治孝陵、康熙景陵、乾隆裕陵、咸丰定陵、同治惠陵，然而历代的风水堪址，只能保证一个大体的走势。同为皇帝，开朝的皇帝所在的孝陵、景陵、裕陵，其气势和地脉远超过定陵、惠陵。不得不说，定陵、惠陵地处的风水是有先天不足的，而且它们在规划时也有缺陷。

风水的变化究竟是王朝衰落的原因，还是王朝衰落会表现在风水的缺失上，也许两者都有吧。

● 十三陵

古时人们认为，一个人的墓穴会影响一家人的运气，而一国之主的陵穴，则会影响后世帝王的气运。因此，历朝历代都重视陵园风水和厚葬礼节，并且越演越烈。借助陵墓以图昌盛永存，并非只有明朝才有，但是确实是从明代开始，皇家陵寝相比前朝有很

明十三陵

大的改变和讲究，明朝的皇陵相比前朝，更重视陵寝的规划和规范。陵墓的修筑更加重视山势和川流形胜的形法。可以说，明清两代的帝陵在风水方面格外讲究。

著名的十三陵，位于北京西郊，昌平县北。这里从 1409 年开始修建第一座陵园——长陵。从明朝建国至灭亡，这 200 多年中十三陵的建造工程从未间断过，可见明朝对陵园工程是多么重视。最初修建十三陵的皇帝是燕王朱棣。朱棣在南京登上皇帝之位后，立刻迁都到了北京。他的发妻许皇后死后，他并没有选择在南京建陵，而是派遣大臣和风水术士在北京选择陵址。

明朝皇帝如此重视陵园风水，那么为皇家选陵址就绝不是一件小事，因为明皇帝的名氏多有忌讳，负责寻找风水宝地的大臣和从各地专门找来的风水术士们，整整寻了两年，才最终选定了这块地方。选定之后，便封山圈地，再不许闲人入内。

这里原名叫黄土山，然而，既然是做帝王陵寝的风水宝地，怎么可以叫这么既俗又土的名字呢？明成祖朱棣便把它改了一个在当时很高端大气上档次的名字——天寿山。

将天寿山圈占作为皇家陵园后，这里一共埋葬了 13 位明朝皇帝，分别是长陵、献陵、景陵、裕陵、茂陵、泰陵、康陵、永陵、昭陵、定陵、庆陵、德陵和思陵。

十三陵背倚天寿山，东、西、北三面群山环绕，前面地势开阔，温榆河斜穿陵前，陵园得以背山面水，可见藏风聚气，有聚有止。按照堪舆的说法，天寿山的龙脉发源于万山之祖的昆仑山，所谓皇陵形胜，起自昆仑，与天上的元气相通，这是十三陵充满生气的形胜根本。陵区的四象完整，天寿山主峰为北玄

北京十三陵水库

武，前有灵山为南朱雀，左有蟒山为左青龙，右有虎峪为右白虎，无疑是风水吉地。

　　陵区内平稳开阔，河的南面两座小山，形成陵园的门户。明十三陵之祖陵长陵正对着主峰，其他各陵也各自对应其山峰。各有靠山，十三陵中每个陵都是独立的，但是它们又构成了一个统一的整体。以长陵为中轴线，各陵的沿中轴而建，因此长陵也被称为十三陵之祖。长陵中轴线上的一系列建筑，体现了"扶阴抱阳，一脉相承"的布局思想。

　　水法的布局在这里非常重要，有"风水之法，得水为上"的说法，水总是在择址中占有重要的影响，陵园也不例外。山主静，水主动，山静水动是相互衬托、互相依存的。在陵园选择和规划中，观水是一个有难度的步骤，但是必不可少，水要环绕陵区，曲折蜿蜒，又不能太过于弯曲，S形流水大概是最好的形态了。水最忌讳"直冲走窜，急湍陡泻"，又因为水可以界止龙气流逝，所以十三陵有"大水横其前，小水夹左右"的设计布局。

　　正是这样一块有水有山、得山川水法的地方，才成就了著名的遗迹——十三陵，才承载了明皇陵富丽悠久的蕴含。

　　明朝对风水的崇尚，讲究"事死如事生"的礼制，所以十三陵的建筑格局堪比紫禁城，十分宏伟大气。每个陵前都有神道，十三陵各个陵园前的神道以长陵神道为主干，其余神道均从长陵神道分出，因此长陵神道称为十三陵总神道。神道的中间是石板或者城砖铺成，用它来象征"龙脊"；两侧则铺有鹅卵石，象征着"龙鳞"。

中国古代山水画与堪舆文化中的水

　　历代山水画论与中国古代堪舆文化有着不解之缘，风水学和山水画均创始于东晋，一代代杰出的山水画家们身体力行，将堪舆文化与山水画融为一体，虽然堪舆文化重视实用，山水画最终归于艺术，但是认识山水、利用山水上的差异，并不能阻碍中国山水画的发展与风水学的关系。中国山水画在其发展历程中一直受到风水观念的影响。

　　魏晋时期的宗炳在中国最早的、关于山水的绘画美学论著《画山水序》中，曾提出过一个非常重要的美学命题"山水以形媚道"。也就是画山水的目的是为了通向宇宙本体，实现对宇宙本体"道"的把握。尤其是在清代，从居主流的诸多名家的有关画论来看，常直接引鉴堪舆文化中的水元素，来阐析山水画之要领。

　　例如，清初笪重光撰《画筌》，论山水关系的"山到交时而水口出。山脉之通，按其水径；水道之达，理其山形"，尽赅二者的互相依存、互为生发的关系。此外，如论山水的布置、经营、宾主、虚实、断续、动静，论树石的疏密、远近、交互、错综，

明代王谔《江阁远眺图》（局部）

南宋夏圭《溪山清远图》（局部）

石看三面、树分单夹，论山水、江湖、村野等诸般风景的点缀、映带，论季节、时间、气象条件所造成的不同景色，论具体的笔墨、设色、钩皴点染等技法，都是前人画论全面、合理的总结。他强调，画中建筑诸景物的处理，应是"云里帝城，龙盘而据；仙宫梵刹，协其龙砂；村舍茅堂，宜其风水"等。

中国古代山水画中，绘画的意象等同于现实中的真实事物，将山水画视为自然的等价物，在宋人那里已经成为极其普遍的一种观念。郭熙《林泉高致》，其与堪舆文化中的水密切关联，直接援用风水术语，审辨山水之诀。如"真山水之川谷，远望之以取其势，近看之以取其质""山以水为血脉，以草木为毛发，以烟云为神彩，故山得水而活，得草木而华，得烟云而秀媚"。郭熙所论多与风水理论一致，阐释了山与水路的关系，如同血脉毛发的依存，其中"血脉""毛发"的比喻，与《黄帝宅经》中记载的"宅以形势为身体，以泉水为血脉，以土地为皮肉，以草木为毛发，以舍屋为衣服，以门户为冠带。若是如斯，是事俨雅"异曲同工。而《管氏地理指蒙》中也说："山者龙之骨肉，水者龙之气血，气血调宁而荣卫敷畅，骨肉强健而精神发越。"《青囊海角经》更有谓："夫石为山之骨，土为山之肉，水为山之血脉，草木为山之皮毛，皆血脉之贯通也。"

《林泉高致》中提出的关于山水画形式美构造的探讨，就是对照了此时风水学的形势派考察山川的五大步骤。而提出的绘画三远观，强调的"可居可游之境"满足堪舆学中的精神需求。这种观点早在五代的荆浩、关全的绘画中就已可以看出，而郭熙的理论在宋元绘画中得到了实践，对元代画家影响深远。

可见，山水画中的山水与堪舆文化中的山水密切相关，堪舆文化中水元素与山水画在形而上的层面上有着相通之处。

参考文献

[1] 王冠倬 . 中国古船图谱 [M] . 北京 : 生活 · 读书 · 新知三联书店，2011: 21.

[2] 艾菊红 . 傣族服饰与傣族水的生态环境 [C] . // 杨源，何星亮 . 民族服饰与文化遗产研究 : 中国民族学学会 2004 年年会论文集 . 昆明 : 云南大学出版社，2004 : 121-122.

[3] 许桂香 . 中国海洋风俗文化 [M] . 广州 : 广东经济出版社，2013 : 111.

[4] 吴水田 . 话说疍民文化 [M] . 广州 : 广东经济出版社，2013 : 124-125.

[5] 达三茶客 . 游和顺 [M]. 2 版 . 昆明 : 云南人民出版社，2013 : 75.

[6] 王洪波，何真 . 百年绝唱——和顺阳温墩小引 [M] . 昆明 : 云南大学出版社，2005 : 63.

[7] 陈旭照 . 黄河船工号子 : 喊尽人生悲与欢 [N] . 洛阳日报，2007-05-17.

[8] 谢忠凤 . 长江文化生态与民族精神形态 [J] . 湖北师范学院学报，2008（6）: 57-58.

[9] 蔡桂林 . 运河传 : 保定 [M] . 天津 : 河北大学出版社，2009 : 286-288.

[10] 潘洪萱 . 中国的古名桥 [M] . 上海 : 上海文化出版社，1985 : 28.

[11] 金一南 . 苦难辉煌 [M] . 北京 : 华艺出版社，2009 : 362-364.

[12] 欧阳询等 . 风俗通 [M] . // 艺文类聚 : 卷 八十一 . 上海 : 上海古籍出版社，1982.

[13] 于希贤 . 法天象地 : 中国古代人居环境与风水 [M] . 北京 : 中国电影出版社，2006 : 141-146.

[14] 王其亨 . 风水理论研究 [M] . 天津 : 天津大学出版社出版，1992.

[15] 程建军，孙尚朴 . 风水与建筑 [M] . 南昌 : 江西科学技术出版社，2005.

[16] 冯静《黄帝宅经》的生态建设观与建筑节约型社会的启示 [DB/OL]. [2013-08-05] http://wenku.baidu.com/view/2d1814c828ea81c758f578bf.html.

[17] 李定信，刘诗芸 .《葬书》考及白话解 [M/OL]. [2011-05-10] http://www.docin.com/p-200327349.html.

后
记

人水同源。正如地球上正是因为有了水，才孕育了生命。人类能走多远，就需要水相伴走多远。这种历史与渊源，无法阻断，也难以割舍。

　　人水交融。人离不开水，水也受到人的影响。这是现实，也是亘古未变的事实。人与水已经纠结成命运的共同体，一损俱损，一荣俱荣。

　　人水相济。水可以因为人的主动作为而释放出更大的作用和功效。人在与水的相伴相生中，悟到了许多知识和道理，从而了解自己、了解自然、了解世界。水好，人亦好！

　　人水和谐。从早期的你死我活，水来人走，到现在的不争、不伤、不损、互利，再到未来的和谐共生、永续互惠，这既是人类的发展，也是技术的发展，更是文化的发展。

　　人水情缘，相性相随，渊远流长，继往开来。人的漫长生活，也像潺潺不断的流水一样，起伏跌宕，奔腾回转。且行且思量，且行且珍惜！

作者

2014 年 12 月

图书在版编目（ＣＩＰ）数据

图说水与衣食住行 / 李红光等编著. -- 北京 ：中
国水利水电出版社，2015.5
　（图说中华水文化丛书）
　ISBN 978-7-5170-3471-1

　Ⅰ. ①图… Ⅱ. ①李… Ⅲ. ①水－关系－生活－普及
读物 Ⅳ. ①TS976.3-49

中国版本图书馆CIP数据核字(2015)第177969号

丛 书 名	图说中华水文化丛书
书　　名	图说水与衣食住行
作　　者	李红光　马凯　程麟　刘经体　编著
出版发行	中国水利水电出版社
	（北京市海淀区玉渊潭南路1号D座　100038）
	网址: www.waterpub.com.cn
	E-mail: sales@waterpub.com.cn
	电话: (010) 68367658 (发行部)
经　　售	北京科水图书销售中心 (零售)
	电话: (010) 88383994、63202643、68545874
	全国各地新华书店和相关出版物销售网点

书籍设计	李菲
印　　刷	北京印匠彩色印刷有限公司
规　　格	215mm×225mm　20开本　12印张　228千字
版　　次	2015年5月第1版　2015年5月第1次印刷
印　　数	0001—4000册
定　　价	60.00元